阳台
种菜 种花
种香草

杨倩 编著

中国华侨出版社
北京

图书在版编目（CIP）数据

阳台种菜种花种香草 / 杨倩编著. —北京：中国华侨出版社，2014.4（2021.2重印）

ISBN 978-7-5113-4555-4

Ⅰ.①阳… Ⅱ.①杨… Ⅲ.①蔬菜园艺②花卉—观赏—园艺 Ⅳ.①S63②S68

中国版本图书馆CIP数据核字（2014）第071803号

阳台种菜种花种香草

编　　著：杨　倩
责任编辑：元　涛
封面设计：冬　凡
文字编辑：朱立春
美术编辑：潘　松
经　　销：新华书店
开　　本：720mm×1000mm　　1/16　　印张：14　　字数：330千字
印　　刷：三河市华成印务有限公司
版　　次：2014年8月第1版　　2021年2月第2次印刷
书　　号：ISBN 978-7-5113-4555-4
定　　价：45.00元

中国华侨出版社　北京市朝阳区西坝河东里 77 号楼底商 5 号　邮编：100028
法律顾问：陈鹰律师事务所
发 行 部：（010）88893001　　传　　真：（010）62707370
网　　址：www.oveaschin.com　　E-mail：oveaschin@sina.com

如果发现印装质量问题，影响阅读，请与印刷厂联系调换。

前言

花草植物从来都是我们的朋友，身处钢筋水泥的丛林里，对自然的向往便成了现代都市人的一个共同追求。其实想亲近自然在家里也可以做到——小小的阳台经过我们的精心打理，就可以变成一个充满欢乐与健康的乐园。

不需要庭院，只需要容器、种子（或幼苗）、一些土、一点肥料、一些简单工具，然后借助水、阳光和空气，你的阳台就会成为一片充满生机的绿色海洋。从种子到幼苗，再由幼苗变成一棵苗壮的植株，然后开花、结果，这一切的过程都会在你的精心培育下一点点地发生，让你由衷感叹生命的奇妙，尽情领略生活的美好。阳台上的那一抹绿色是人与自然和谐共生的最好见证，拥有了这方美丽的小天地，就仿佛置身于大自然的怀抱之中，那些世俗的烦恼真的会变得不再重要。

你有没有品尝过自己亲手种的菜？纵然没有超市里的漂亮包装，但是品尝自己亲身劳动而获得的果实，心里那种成就感和满足感是不言而喻的；而每天看着阳台上自己种的菜不断地长高、变大，又是一份妙不可言的喜悦与激动。

当进入家门，姹紫嫣红映入眼帘，醉人的花香扑面而来，你心中的烦恼与压力定会随之一扫而空吧？阳台种花，收获更多的是一种恬淡的心境，一种乐观积极的生活态度，一种生活品质的提升。

　　种植香草近年来渐成时尚。香草具有很多神奇功效，如净化空气、治疗疾病、美容养颜、制作美食等，而那自然纯粹的清香更是让人着迷。有香草"美人"相伴，那份惬意舒爽自不必多说。

　　本书从种菜、种花、种香草三个方面教你如何打造私人小农场，相关知识均来自职业园艺师的经验总结，实用性很强。从选种、选土、选工具到施肥、除虫、浇水，从播种、间苗、培土到搭架、摘心、收获，手把手教你在阳台栽培植物的基本要点。具体到每种植物的分步操作，从适合的种植季节、光照条件、浇水量，到种苗选育、种植、培育、收获四个阶段的详细过程，都会事无巨细地予以全程指导。采用手绘插图和实物照片结合的方式详细讲解，直观明了、简单易学，即使毫无基础的初学者也能轻松获得丰收哟！

　　嫩芽冒出时的惊喜，抽枝展叶时的愉悦，采摘收获时的满足……在阳台种菜种花种香草的日子里，尽是幸福的瞬间，平凡的岁月从此有了甜蜜的期盼，普通的阳台因此变得生机勃勃、绿意盎然。感受拥抱大自然的快乐，在快节奏的生活中呼吸独有的清新，这样的生活就在眼前，你还在等什么！

目录

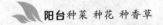

3 第三篇
种花，打造家中的好风景

4 第四篇
种香草，让室内多一缕幽香

第一篇 1

打造一个美丽的阳台，
给 DIY 植物安个家

第一章
在种植之前，要做些什么

容器，植物的幸福小屋

我们在打造自己的植物园之前，首先要规划好要种些什么植物，因为对于不同的植物而言，对容器的要求也是不尽相同的。

🍃 不同植物，不同选择

一般来说，蔬菜的植株较大，因此对容器的大小也有一定的要求，一般都会选择大型或者是中型的容器，而花卉、香草的植株一般偏小，所以对容器的要求并不是很高，可以根据栽植的数量来掌握容器的大小。如果栽植的数量少而植株又不是很大，最好选择小一些的容器，这样更有利于植株根部的透气。

小型

小型的容器一般指的是直径为15~20厘米的容器，比较适合种植猫薄荷、百里香、细香葱、驱蚊草等植株体积很小的香草。

直径为15~20厘米的容器

中型

中型容器一般指的是直径为20~30厘米的容器，长方形的中型容器长一般是65厘米左右。这种容器适合种植体型一般的花卉、香草，也可以种植菠菜、油菜等叶类蔬菜。

直径为20~30厘米的容器

大型

大型容器一般指的是直径为30~40厘米的容器，西红柿、茄子等果实类蔬菜的体积较大，比较适合在这种容器中种植。

直径为30~40厘米的容器

我们在选购花盆的时候，常常听到店主说 8 号花盆、12 号花盆之类的，那么花盆的号是怎么规定的呢？有一个公式可以计算一下：

> **花盆的号数 ×3 = 直径的厘米数**

也就是说，3 号盆的直径是 9 厘米，6 号盆的直径是 18 厘米，8 号盆的直径为 24 厘米，10 号盆的直径是 30 厘米，12 号盆的直径为 36 厘米。通过花盆的号，我们就能马上掌握花盆的大小，从而以最快的速度选到最合适的花盆。

在阳台上种植蔬菜，并不像在菜地里种植那么随意，像土豆、小萝卜之类食根茎的蔬菜对容器的深度也有一定的要求，一般深度要达到 30 厘米以上才可以种植，否则会影响植株的生长。如果实在找不到合适的容器，用塑料袋或者是麻袋来当作容器也是可以的。

质地　**陶盆**

　　容器在质地上的种类非常多样，如陶盆、塑料盆、釉面盆、木盆、玻璃盆。陶盆无疑是最好的选择，它具有透气、排水性好、重量轻、价格便宜等优点。玻璃容器是用来培植水培植物的最佳选择。当然，你也可以选择塑料盆、釉面盆，但是为了防止因为花盆不透气而导致的根部腐烂，我们最好在容器下面垫一块竹板。如果选择木盆的话，因为其超强的透气性，花草很容易干燥，所以一定要注意给植物勤浇水才可以。

土壤，植物的亲密爱人

什么样的土才算是好土呢？

　　植物能否健康成长，关键在于土壤的选择，好的土壤可以使植株更好地吸收养分、水分，使植株的根系健壮，这样才可以长得生机勃勃。优质的土壤必须具备四大特性，即排水性、透气性、保水性以及保肥性。

排水性　排水性好的土壤在浇水的时候，水能够迅速地融入土中，不会停留在表面。排水性差的土壤会使植物根部长时间难以干燥，很容易出现烂根的现象。

透气性　透气性好的土壤微粒之间不会黏聚在一起，空气可以自如流通，为植株根系有效输送氧气和水分。

保水性　保水性是指土壤在一定时间内可以保持湿润的能力，如果土壤不具备保水性的话，土壤很快就会干燥缺水，这对植株的生长是非常不利的。

● 保肥性　保肥性指的是土壤可以保持肥料肥性的能力，只有保肥性好的土壤才能够让植物在营养充足的环境里好好生长。

认识土壤

土壤的种类千差万别，作为栽种用土，常见的主要有3种：培养土、基础用土和改良用土。

● 培养土　培养土主要是用于球根、宿根等植物种类的栽种，因为是根据养分比例调和好的土壤，所以非常适合初学者使用。

● 基础用土　指的是自己调和土壤的时候所使用的基础土，各个基础土之间的差别主要是由当地的土壤性质所决定的。

● 改良用土　是一种非常优质的土壤，它运用其他的有机质提高了基本用土的透气性、排水性、保水性、保肥性。其中最为人们熟知的就是腐叶土，腐叶土首先是将腐烂的阔叶树树叶弄碎，融合在基础用土之中，这样可以提高土壤中微生物的含量，有效地改善土质。

培养土

● 配土

配土是一门很深的学问，作为刚刚入门的新手最好在市面上购买已经配置好的优质土，这些土壤已经配置好了腐叶土、肥料等养料，可以直接使用，

腐叶土

非常方便。但是要注意土壤包装上的适用作物说明，不同的植物对酸碱性的要求也是不同的。

认识酸碱性

种植蔬菜的土壤一般为弱酸的环境，而香草则喜好偏碱性或中性的土壤。而花卉对土壤的要求则比较复杂。

部分植物对盆栽土的特殊要求

少数植物对盆栽土有特殊要求，常用的盆栽土并不适用。有些植物不喜欢碱性土，如杜鹃属植物、多数秋海棠属植物、欧石南属植物、非洲紫罗兰，常用的盆栽土不利于这些植物的生长。即使以泥炭藓为基质的盆栽土，也普遍呈碱性，因为为了适应多数室内盆栽植物的需求，盆栽土中会添加少量石灰。不喜欢碱性土壤的植物，可以使用"欧石南属"植物专用盆栽土，这种盆栽土在多数花店都能买到。

凤梨科植物、仙人掌科植物和兰科植物对盆栽土也有特殊要求，可以从专业苗圃或较好的花店购买经过特殊处理的盆栽土。

肥料，植物的营养源

不施肥，植物就会显得死气沉沉的，只要正确施肥，植物就能茂盛生长，生机盎然。现代肥料让施肥变得很简单，肥效也更长，因而不需要经常添加。

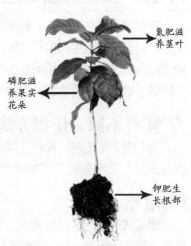

氮肥滋养茎叶

磷肥滋养果实花朵

钾肥生长根部

各种肥料对植物的不同作用

认识肥料

按照肥料的成分来划分，可分为磷肥、氮肥、钾肥这三种肥料。磷肥主要是用来促进植物花朵和果实的生长，氮肥主要是用来促进植物叶子的生长，钾肥可以有效地滋养植物的根部。

肥料的量

肥料是植物生长的粮食，挨饿中的植物自然是很难长好的，但是暴饮暴食对于植物的生长也并不是全然有益，所以和人类讲究合理膳食一样，给植物施肥也要根据植物各自的特点，讲究适度原则。

追肥

植物在刚刚栽种到土壤中的时候，土壤中是含有一定量的肥力的，但是这些肥力会随着植物的生长而慢慢消耗殆尽，因此盆栽植物在生长过程之中要进行适当追肥。

制作肥料

鱼刺

大豆

海带

事实上，一般性的肥料我们并不需要特意在市场上购买，用生活中腐败的食物制成的有机肥就是植物最好的营养品。发霉的花生、豆类、瓜子、杂粮等食物中含有大量的氮元素，将它们发酵后可以用作植物的底肥，也可以将其泡在水中制成溶液追肥时使用。

鱼刺、碎骨、鸡毛、蛋壳、指甲、头发中含有大量的磷元素，我们可以加水发酵，在追肥中使用。

海藻、海带中的钾成分比较多，是制作钾肥最好的原材料。另外，淘米水、生豆芽的水、草木灰水、鱼缸中的陈水等含氮、磷、钾都很丰富，可以在追肥中使用。

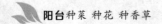

环境，我家的阳台合适吗

在林林总总的阳台中，朝南或者朝东的阳台，一般光线比较充足，对于植物的生长也是比较理想的。但是家里的阳台不是这样的朝向怎么办呢？不用担心，一些植物即便在阳光不是很充足的环境下也是可以茁壮成长的。

阳台不同，使用方法不同

我们常见的阳台一般有三种，即墙壁式、栅栏式、飘窗式。因为各自不同的特点，在种植植物时需要注意的方面也不尽相同。

墙壁式

墙壁式的阳台是开放式的阳台，阳台上部的通风情况很好，但是下部就比较差。我们最好将植物放在架子上，这样可以增强植物的光照，改善通风情况。另外，夏天时的阳光直射会使温度过高，所以一定要注意遮阳保护花草。不要将植物悬挂起来，也不要摆放在阳台边缘，以免掉落砸伤路过的行人。

栅栏式

栅栏式阳台也是开放式阳台，通风情况非常好，但是遇到大风的天气就会对植物造成伤害，放置植株的时候最好在栅栏内放置一块挡板，以免植物受到伤害。和墙壁式阳台一样，也需要注意夏季太阳对植物的直射。千万不要将植物悬挂起来，以免吹落砸伤行人。

飘窗式

飘窗式阳台是封闭式阳台，由于受外界温度影响比较小，所以一年四季都可以种植植物，但是通风性比较差，要记得经常开窗让植物呼吸新鲜空气。因为阳台是封闭的，所以可以随便装饰我们的小农场，不用担心砸伤行人了！

把植物园装饰得更美观

阳台的空间有限，怎么能让我们的植物园看起来丰富多彩，而又不显凌乱呢？我们有一些小妙招告诉你。

打造小小"梯田"

我们可以在阳台中搭建一个立体置物架，看似简单的架子会将我们的阳台空间划分出多个层次，这样既可以扩大种植面积，又可以增加喜阳植物的采光，可谓一举两得。

搭建种植槽

阳台上的空间有限，栏杆或檐口部分往往浪费了一块空间，我们可以在这个位置上悬挂一个种植槽，放置一些体积比较小的植物，但要注意，种植槽一定要安置在阳台内侧，如果掉落，很容易发生危险。

把植物吊起来

小型的植物可以利用小巧精致的花盆种植，再放到吊篮中悬挂在阳台的天花板上，这样就可以把阳台空中的空间完全利用起来，又显得错落有致。要注意的是，吊篮的质量一定要有保证，否则就有可能伤到人。

工具，栽种时候的小帮手

要将自己的小农场打理成专业级的水平，当然专业的工具也是必不可少的，那么我们究竟应该准备哪些工具呢？

剪刀

剪刀可以用来修剪植物，也用来收获果实。

喷壶

用来给植物浇水。

小耙子

这是给植物松土的必备工具。

水桶

自来水是不可以直接浇花的，所以我们要把自来水盛放在水桶里，在空气中放置 2~3 天，让水温和含氧量都达到适宜的程度。

铲子

在移苗和铲土的时候用。

麻绳

如果植物需要支杆，就需要用麻绳来固定植物。

支杆

如果是长得高的植物，或者是喜欢攀爬的植物，我们就需要立起个支杆，以便植物可以更好地生长。

第二章
种植过程中，要怎么做

温度和阳光

🌿 光照的选择

植物有的喜阴，有的喜阳，我们可以将喜阳的植物置于置物架的高处，让它们充分接受阳光的沐浴；喜阴的植物则置于低处，避免阳光的暴晒。

阳光下的植物

即便是喜阳的植物，面对夏季炎炎的烈日，也会打不起精神来，所以当夏季来临时我们最好在阳台上搭建一个遮阳板，避免阳光的直接暴晒。

早晚的时候，阳光多为散射光线，对于植物来说是一天中最好的时光，这样的光照特别有利于植物的生长，这个时候就让植物多晒晒太阳吧。

🌿 防寒

阳台温度随着气温的变化而变化，冬季来临，一定要将不耐寒的植物搬入室内，温度要保持在5℃以上；即便是耐寒的植物放在室外也要设置些挡风板、覆盖草帘或塑料薄膜等保温设施，以免植物被冻伤。当气温降到0℃以下，一定要将植物搬入室内。冬季的夜晚，也要将植物搬入室内，以防止霜冻的侵袭。

🌿 降温

阳光的暴晒对植物的生长非常不好，我们除了要给植物遮阳之外，还要给植物适时地降温，如在植物的根部覆盖一些木屑、稻草、树皮等以保持植物的水分，防止土壤干燥。也可于早晚的时候在植物的叶子上喷洒一些水来降温，如果阳光太强，则最好将植物搬入室内。

🌿 香草的特殊光温需求

香草和其他的植物不太一样，可以分为长日照和短日照两种，但大部分香草都喜欢阳光充足、通风较好的环境，日照不足会导致植株徒长，直接影响到植物花芽的分化和发育。由于不同香草对光照的要求不尽相同，所以需要我们根据香草的生长习性来调节日光的照射量。

长日照香草 长日照型香草每天的日照时间必须要控制在 12 小时以上才能现蕾开花，如果光照时间不足，植物就不会现蕾开花。

短日照香草 短日照型香草每天的日照时间不可以超过 12 小时，日照时间过长植物就不会现蕾开花。

中日照香草 所谓中日照香草就是香草中最好养活的那一种，它对日照时间并不敏感，不论长日照还是短日照，都可以很好地生长。

施肥也要讲究方法

怎样施肥

施肥要在适合的时间进行，在傍晚或者是阴雨天进行是最好的选择。施肥之前首先要松松土，在花草根部的四周挖开一条环形浅沟，然后放入肥料，用土填平。值得注意的是，液态肥不要撒在花叶和茎上，这样会对植物造成损伤。

施底肥

施肥的次数

施肥的次数要根据花草的习性和生长情况而定，一般来说 10~15 天施肥一次是最合适的，秋季可以每隔 30 天施肥 1 次，冬季植物处于休眠期，则不需要施肥。

施肥要领

春夏季节最好施液肥，夏末以后则要使用干性肥料，并且以薄肥为主，配比按照 7 份水、3 份肥的比例进行。施肥次日要浇水，并且浇透，松土也要及时，这样才更有利于植物的根系吸收营养。

追肥

如果使用在市场上买来的肥料追肥，就要根据说明来稀释一下。拿到肥料之后，要在根的外围挖一圈浅沟，注意浅沟不要离根的距离太近，也不要伤及根系。将肥料均匀地倒入沟内，再盖上土，然后浇水。浇水的目的一是可以稀释肥料，防止烧根；二是方便肥料下渗，这样营养会比较容易被植物吸收。

施肥之前一定要注意不要施未经腐熟的生肥，这样肥料在土

追肥

壤中发酵会产生过多的热量，容易"烧死"植物。施肥也不要太过靠近根部，否则容易烧根。如果因为施肥造成了叶片枯萎、倒挂，那么要多浇水，以稀释肥料。

给植物补充水分

浇水时间学问多

夏季浇水要选择上午 8 点前或者下午日落后进行，春秋季节浇水选择在中午进行是最好的，冬季浇水的时间要在全天温度最高的午后 2 点左右，冬季浇水时适量添加一些温水也是可以的。

一天要浇多少次

春秋季节每隔 1~3 天要浇水 1 次，夏季每天都要进行浇水，冬季每 5~6 天浇水 1 次就可以了。浇水也要根据天气的情况来决定，天气燥热干旱就多浇水，在阴雨连绵的时候就少浇水。植物处在不同的生长周期需水量也是不同的，长叶和孕育花蕾的时候要勤浇水，开花时节要缓浇、少浇，休眠时期则要尽量控制浇水量。最为主要的是，要掌握植物的习性，了解植物是喜湿的还是耐旱的，一定要区分清楚。

浇水技巧

植物的不同时期，以及不同的植物之间浇水的方法也是不同的。当植物处在幼苗期的时候，浇水要用细孔喷壶，轻而微量地按照顺时针的方向喷洒。浇水之前一定要确认盆土不干不湿，并且没有积水。土壤的表面变干就是需要浇水的信号，耐旱的植物可以在盆土表面完全干透后再进行浇水，而喜湿的植物则要在盆土表面干透之前。浇水要缓缓地进行，直到水从花盆底孔渗出为止，然后将托盘中积攒的水倒掉，以免将植物的根部浸烂。

播种期浇水

浇水要一次浇透

喷水

忘记浇水怎么办？

如果多日忘记浇水，植物的土壤过干，水分很难在短时间内全部浸入，我们可以在土壤上面扎开一个个小孔，然后再进行浇水——需要注意的是，不要伤到植物的根部——这样就可以对植物的缺水起到一定的缓解作用。但是这只是一个应急措施，缺少水分对植物是非常不好的，所以一定要尽量避免这样的事情发生。

换盆换土，空间合适最重要

🍃 上盆

植物的小苗长大一些的时候生长空间就会变得比较局促，这个时候就需要上盆了。首先要用碎瓦片覆盖住盆底的排水孔，留出适当的孔隙，再填入四分之一的粗砂，然后再填入培养土，填土的高度达到盆高的一半即可，然后将植物放到盆中，再慢慢填入培养土，在距盆口 3~4 厘米的时候停止放土。最后，轻轻提一提植物，使根部伸展不卷曲，再将土压紧，浇透水，放置在光照较弱的地方 5~7 天，再移到阳台即可。

上盆

🍃 换盆

换盆首先是将植物连土一起倒出花盆，然后去掉枯根和一半的旧土，再将花草连同剩下的原土一起装入新盆，然后再填入一些新的培养土。最后将土壤压紧，浇透水，在室内光照较弱的地方放置 3~5 天，再将植物搬到阳台就可以了。

🍃 换土

换土就是在换盆的过程中不使用原土，只加入新的培养土，目的是增加土壤的肥力。如果是自制培养土的话最好用烘干或熏蒸的方法消毒，以减少病虫害的发生。

换盆

剪根减根

换土

给植物修剪一个漂亮的 "发型"

🍃 修剪时间

修剪枝叶可以将病枯枝及时地摘除，使植物的主干能够更好地生长，也可以使植物长得更加漂亮。常绿植物多在春季进行修剪枝叶，落叶植物宜在秋后、越冬前进行修剪，生长过于旺盛的植物在生长期内就要视情况来进行修剪，可以收获果实的植物更要注意在生长期减去徒长枝、病枝、弱枝，以利于果实的生长。

修剪原则

修剪有一个简单的原则，即：留外不留内，留直不留横，留下的剪口芽应向外侧。

修剪方法

摘心就是剪去枝条顶端部分，以促进侧芽生长。摘心的工作最好选择在上午9点之前完成，以利于植株的伤口愈合。摘心要适度，过多的摘心会造成枝叶过于茂盛，下方的叶

摘心

子无法接受到足够光照，反而会造成植株生长不良。

摘叶就是在上盆或移植的时候，摘去大部分叶片，仅仅保留少数叶片，以减少水分的蒸发。摘叶的时候，保留的枝条上需保留2~3片叶子，若将叶子全部剪掉，植物就可能会枯死。在剪枝的过程中，要注意从植物的"节"上方剪下枝条，如果从"节"处剪断的话就不会有新枝长出。

剪枝

植物繁殖，花盆变身小花园

播种

从时间上来说，植物的播种可以分为春播和秋播两种。

一般步骤是首先将种子放入培养土中，大粒的种子覆土厚度为种子直径的3倍，小粒的种子覆盖一层薄薄的培养土。然后将土壤压实后，浇透水，盖上一层塑料薄膜。每天及时浇水，以保持土壤的湿度。

当植株出芽的时候揭去塑料薄膜，将植物放在光线明亮的地方，等到幼苗长出四五片叶子的时候就可以进行上盆移植了。

撒播一般适于播种细小的种子或者是种植期间需较多间拔的情况下。首先要做的是将种子放于掌心，然后均匀地播撒在泥土表面，再将土壤轻轻地覆盖在种子上面就可以了，不要担心种子播撒过密，生长过程中我们还可以进行间苗。

条播可以使植物排列生长以方便日后间苗。首先用木片、筷子或者是纸板等在土壤上划出沟槽，然后沿着沟槽将种子播种在其中，再用土壤将沟槽掩盖住。将纸片折叠，然后将种子放于其上进行播撒会更加方便。

点播是在植物以后需要移栽的情况下进行，一般是体积比较大的种子，首先是用手指挖出若干个洞来，然后在每个洞里放入1~2颗种子，再用泥土将洞填满。

分株

分株也是植物繁殖的一种方式，春季开花的植物要在秋季植物休眠的时候分株，秋季开花的植物最好选择在春季分株。

分株的方法主要有分割法和分离法两种。分割法就是将丛生的植物分割为数丛，或者将母株根部发出的嫩芽连根一起分割，再另行栽种；分离法是指将母株的新球根、鳞茎切下或者掰开，再另行栽种。

扦插

扦插主要分为枝插和叶插两种。

硬枝扦插多要选择在春秋时节进行，选择带 3~4 个芽的粗壮枝条，做成插穗，插入土中按常规养护生根即可。软枝扦插则多在夏季进行，截取 8~10 厘米长、还未硬化的枝条，插入土壤中按常规养护生根即可。

叶插多是在梅雨季节进行的，剪取一片带叶柄的叶子，浅浅地斜插入培养土中，浇水养护即可。

压条

指的是将母株枝条压入土中，生根后切离母株、另行栽种的繁殖方法。落叶植物进行压条选择在春、秋两季进行。

嫁接

嫁接是将一种花木的枝条或者新芽插入亲缘比较接近的另一株植株上，形成新的植株或新的品种的繁育方法，常用方法有枝接、芽接和考接三种。

合栽好处多

插花是一门艺术，栽种植物也可以将插花艺术与栽种的快乐巧妙结合，合栽就是带给我们这种快乐的种植方式。合栽首先就是要选择一个足够大的花盆，既然是合栽，那么花盆中就不可能只栽种一种植物，因此花盆要足够大才可以。

一般来说，要选择比植株体积大两倍的花盆，这样合栽才不会影响植株的根系自如生长。选好花盆后，先用碎瓦片覆住容器底部的小孔，然后放入培养土。合栽植物要根据植株根部的大小，按照由大到小的顺序依次栽种，苗与苗之间要填满培养土，否则在浇灌的时候土壤就会下沉。

合栽之前要做一些功课。因为只有了解清楚植物的形状、大小、颜色等特点，才能做成具有协调感的美丽合栽，　　合栽

还要根据植物的习性来选择生长环境相近的植物，这样才能让植物生长得更好。

首先是决定一下主要的植物，再根据主要植物的特点来挑选能够突出其美感的辅助性植物。基本上，花朵大、草茎高，具有较强生存感的植物适合做主要植物，花朵相对较小、草茎较低的植物做辅助性植物。只有考虑草茎的高低，协调栽种，才会更具有立体感。以花卉为主要植物，以香草为辅助性植物是非常完美的搭配法。另外，植物的颜色搭配也很重要，可根据主要植物的色彩来进行色彩搭配上的思考，例如，红与紫、红与橙等。

植物的生活习性主要是根据光照和水分而定的，大部分植物都是喜欢阳光的，因此对那些不喜欢光照的植物要多加关照。

防治病虫害，彻底消灭敌人

植物如果对生长环境感到不适应，或者是养护不当，就会遭受一些病虫害的威胁，我们要做的就是以预防为主，一旦发现则要及早进行处理。

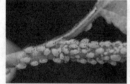
蚜虫

白粉病

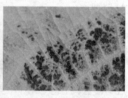
立枯病

认识病虫

病虫	症状	预防方法	应对措施
小菜蛾	前后翅细长，缘毛很长，食叶	在植物上罩纱布，防止入侵，设置黑光灯照射	捉除
黄条叶蚤	体型微小，体色黑，啃食菜叶，幼虫食根	罩上纱布	捉除
夜盗虫	夜间活动，食花叶	盆底铺窗纱或丝网	捉除
粉虱	叶背上的羽毛状小虫	保持良好通风	喷洒辣椒水或大蒜水
蚜虫	生于新芽和叶子背面	保持良好通风	喷洒辣椒水
潜叶蝇	叶面出现图画状白线	保持良好通风	摘除生虫叶，喷洒辣椒水或大蒜水
线虫	生于根系，植株衰弱	同科香草不要栽种在一起	挖除虫害周围的土壤

🌱 认识病害

病害	症状	预防方法	应对措施
立枯病	植株茎叶枯黄、枯萎	消毒土壤	剪掉枯萎茎叶或拔出生病植株
霜霉病	叶子出现黄色斑点	减少氮肥，保持通风	剪掉病变茎叶
白锈病	叶子上出现白色的斑点	减少浇水，保持植物通风透气	剪掉病变茎叶
灰霉病	叶片出现灰霉菌	保持通风	剪掉病变茎叶
白粉病	茎叶表面有白色粉	保持通风，控制氮肥	摘除病变部分
软腐病	根基腐烂，植株倾倒	加强通风	喷洒少量食用醋

叶面斑点

烟霉

霉病

🍂 病虫害的预防

● 土壤消毒　土壤中含有很多病菌、虫卵，种植前要对培养土进行消毒。

● 经常接受日照　阳光照射可以增强植株的抵抗能力，喜光的植物一定要保证充足的日照。

● 保证良好通风　若通风不良，太过闷热，会影响植物呼吸新鲜空气，使植物变衰弱，这样就会更容易招致病虫害的侵袭。

● 及时摘除枯叶　老叶、枯叶常是导致病虫害的原因，也是植株病菌的根源，因此发现病叶、枯叶一定要及时摘除。

● 经常修剪　如果枝叶生长得过于繁茂，就会重叠挤压在一起，不仅影响通风，也容易滋生病虫害，因此一定要定期修剪。

● 浇水施肥勿过多　浇水、施肥过多，植物容易变得衰弱而毫无生气，所以一定要适度。

● 经常检查　植物的花蕾、新芽、花叶的背面、根茎基部、叶柄基部最容易滋生害虫，但又比较隐蔽，我们要经常检查，才可以及早发现、及早处理。

第二篇
种菜，
花盆里长出的健康饮食

2

你有没有品尝过自己亲手种的菜？虽然没有超市里的包装漂亮，但是品尝自己亲身劳动而获得的果实，心中的那种成就和满足感是不言而喻的，每天看着阳台上自己种的菜不断地长高、变大，又是一份不可言喻的喜悦与激动。

不需要庭院，只需要几个容器，你的阳台就会成为一片充满生机的绿色海洋。有人觉得自己种菜太难而懒于尝试，殊不知，你很可能失去一种非常宝贵的体验。

本篇针对初学者畏难的心理，专门介绍比较容易的蔬菜栽培法，让你在实践中体验到无穷的乐趣。

虽然是亲手种的菜，但其实种菜的不是我们自己，而是大自然神奇的力量，我们人类只是打个下手而已。尝试一下，你的餐桌将会增添别样风味。

第一章

果实类蔬菜

西红柿

口味独特，营养丰富

　　西红柿是营养价值非常高的蔬菜，还可以当作水果生食。

　　西红柿的品种在大小上差异很大，初学者在栽种的时候应该选择更容易栽种的小西红柿。

　　栽种时要注意选择排水性好的土壤，光照充足的位置以及花朵授粉时的方法。

别　　名	番茄、洋柿子、六月柿、喜报三元
科　　别	茄科
温度要求	阴凉
湿度要求	湿润
适合土壤	中性排水性好的肥沃土壤
繁殖方式	播种、植苗
栽培季节	春季
容器类型	大型
光照要求	喜光
栽培周期	2个月
难易程度	★★★

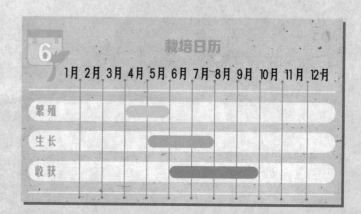

栽培日历

6	1月	2月	3月	4月	5月	6月	7月	8月	9月	10月	11月	12月
繁殖				▬	▬							
生长						▬	▬					
收获							▬	▬	▬			

开始栽种

第1步

首先要选择长有7~8片叶子的苗，茎部要结实粗壮。将小苗放置在容器中挖好的土坑中。选取一根70厘米长的支杆，插入泥土中，注意不要伤到植物的根部，用麻绳将植物茎与支杆捆绑在一起。

支杆的长度为70厘米

为什么要嫁接呢?

在所有品种的幼苗中，嫁接苗的抗病性最强，虽然价格比较贵，但是比较适合初学者，所以我们在种植幼苗的时候最好要选择嫁接苗，要注意的是栽种时嫁接处不要埋在土里。

第2步

植株生长1周后，将植株所有的侧芽都去掉，只留下主枝。

1周

去掉侧芽

第3步

3周后选取3根2米长的支杆，插入到容器中，将植株顶端与支杆进行捆绑。当第一颗果实大约长到手指大小的时候，进行追肥，以后每隔2周进行一次追肥。

3周

立支杆

2周追肥一次

第4步

8周的时间西红柿就应该红了，将果实从蒂部上端采摘下来。

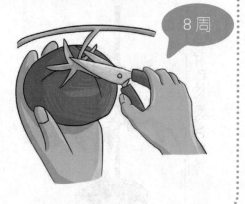

8周

第5步

当植株长到和支杆一样高时，将主枝上端减去，让植株停止往上生长。

注意事项

◎为什么花朵授粉在西红柿栽种中如此重要？

如果西红柿的花朵不进行授粉的话，就会造成只生长茎而不生长叶子的情况。这个时候我们需要做的就是轻轻摇动花房，进行人工授粉，这样才可以收获美味的果实。

◎果实出现裂缝是怎么回事？

成熟了的果实如果被雨淋了，就会导致果实的内部膨胀出现裂缝。所以要将容器移动至避免淋雨的位置，这样才能保证果实不受伤害。

美食妙用

刚摘下来的西红柿口味纯正，酸甜可口，西红柿中含有丰富的维生素和膳食纤维，热量低，是瘦身排毒的绝佳食品。

西红柿酸奶汁

材料： 西红柿200克，酸奶200克，蜂蜜适量。

做法：

❶在果园里摘些西红柿，并清洗干净。❷将西红柿放入到榨汁机中并倒入酸奶和适量蜂蜜。❸开动榨汁机。

黄瓜

口感爽脆、生长迅速

黄瓜古称胡瓜，由西汉张骞从西域带到中原，由此而得名。黄瓜生长非常迅速，一般植苗后 1 个月左右便可以收获，适宜温度为 18~25℃，不耐寒，春天要等到气温显著回升后再进行栽培。

别　　名	胡瓜、青瓜
科　　别	葫芦科
温度要求	温暖
湿度要求	湿润
适合土壤	中性排水性好的肥沃土壤
繁殖方式	播种、植苗
栽培季节	春季
容器类型	大型
光照要求	喜光
栽培周期	2 个月
难易程度	★★

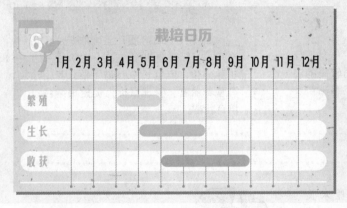

栽培日历

6	1月	2月	3月	4月	5月	6月	7月	8月	9月	10月	11月	12月
繁殖												
生长												
收获												

美食妙用

黄瓜大部分是由水组成的，生吃不仅清脆爽口，味道清香，还保留了黄瓜中大部分的营养，因此黄瓜生吃的好处是大于熟食的。

酸奶黄瓜酱

材料： 酸奶 500 克，黄瓜 1 根，蒜 2 瓣，薄荷 20 片，盐、胡椒粉适量。

做法：

❶ 将蒜捣成蒜泥。❷ 将黄瓜用刨丝器刨成细丝，并将黄瓜丝中的多余水分按出。❸ 用碗将黄瓜丝和酸奶放入。再混入蒜泥、盐、胡椒和薄荷。在冰箱里冷却即可。

开始栽种

第1步

　　首先要选出色泽好、枝干结实的幼苗。用手夹住幼苗，放到已经挖好坑的土壤中，轻轻覆土，同时注意嫁接品种要将嫁接处露在土外，在泥土中插入支杆，同时注意不要伤到植株根部。

发芽期

　　播种至第一片真叶出现，一般5~7天，此阶段生长速度缓慢，需较高的温湿度和充足的光照，以促进及早出苗及出苗整齐，防止徒长。

第2步

　　1周后选择3根支杆间隔地插入泥土中，在支杆顶部进行捆绑。用麻绳将蔓与支杆进行捆绑，捆绑力度要放松。然后进行追肥，撒在植株根部并与泥土混合的地方，以后每2周要追肥1次。

幼苗期

　　从第1片真叶展开至第4~5片真叶展开，一般需要30天左右。此阶段开始花芽分化，但生长中心仍为根、茎、叶等营养器官。管理目标为促控相结合，培育壮苗。

第3步

　　当第一茬果实长到15厘米长的时候要及时收获，这样可以使原植株更好地生长。此后当果实长到18~20厘米的时候收获即可。

结瓜期

　　从第一个雌瓜坐瓜至拉秧，持续时间因栽培方式不同而不同。此阶段植株生长速度减缓，以果实及花芽发育为中心。应供给充足的水肥，促进结瓜、防止早衰。

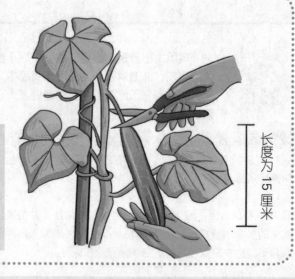

长度为15厘米

第4步

当植株长到与支杆一样高的时候，要将主枝的上部剪掉，使侧芽生长。剪枝一定要选择在晴天进行，以防止植物淋雨。

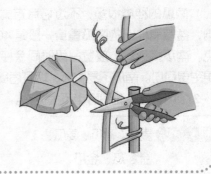

为何会出现畸形瓜？

主要症状有蜂腰瓜、尖嘴瓜、大肚瓜、弯瓜、僵瓜等。形成原因是栽培管理措施不当，如水肥管理不当造成植株长势弱；温度过高、过低造成授粉受精不良；高温干旱、空气干燥；另外土壤缺微量元素时也可形成畸形瓜。

注意事项

◎植株的间距是怎样的？

黄瓜苗与苗之间的距离要保持在30厘米以上，否则就会影响植株的生长。

间距为30厘米

◎选什么样的苗最合适？

选购种苗的时候最好选择嫁接的品种，黄瓜嫁接品种的抗寒性、抗病性比一般植株都要好。

◎黄瓜弯曲是怎么回事？

黄瓜弯曲是由于肥料不足、温度过高所导致的，但是弯曲的黄瓜并不比直的黄瓜口感差。如果想要培育出直的黄瓜，那么就要认真地浇水、施肥啊！

肥料不足、温度过高

◎剪枝是为了什么？

黄瓜剪枝主要是为了增加果实的收获量。这样植物就更容易将营养输送到枝芽，从而使果实长得更多更好。

黄瓜弯曲

◎化瓜是怎么回事？

化瓜是指花开后当瓜长到8～10厘米左右时，瓜条不再伸长和膨大，且前端逐渐萎蔫、变黄，后整条瓜逐渐干枯。主要原因为：栽培管理措施不当，水肥供应不足；结瓜过多；采收不及时；植株长势差；光照不足；温度过低或过高等。

迷你南瓜

生命力强，容易培植

南瓜的种类很多，不过培育方式大致相同，盆栽栽种出的南瓜重量一般是400~600克。南瓜摘取后，放置一段时间会使其口味更甜更可口。南瓜不易腐坏，切开后即便放置1~2个月，营养和口感也不会变差。

别 名	麦瓜、番瓜、倭瓜、金冬瓜、金瓜
科 别	葫芦科
温度要求	耐高温
湿度要求	耐旱
适合土壤	中性排水性好的肥沃土壤
繁殖方式	播种、植苗
栽培季节	春季
容器类型	大型
光照要求	喜光
栽培周期	3个月
难易程度	★★★

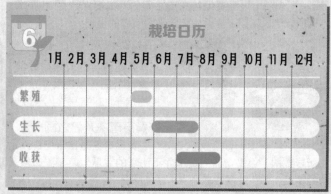

栽培日历

	1月	2月	3月	4月	5月	6月	7月	8月	9月	10月	11月	12月
繁殖					■							
生长						■	■					
收获							■	■				

开始栽种

第 1 步

南瓜的品种很多，南瓜蔓长的品种需要较大的栽种面积，因此要根据自己的实际情况选择合适的容器以及种植品种。用手按住苗的底部，将苗的根部完整地放入已经挖好坑的容器中，埋好土后轻轻按压。

第2步

3周后留下主枝和2个侧枝，然后将其余的芽全部去掉。

3周

第3步

南瓜开花后，将雄花摘下，去掉花瓣，留下花蕊，将雄花贴近雌花授粉，注意带有小小果实的是雌花。

第4步

当最初的果实逐渐变大时，进行一次追肥，以后每隔2周追肥一次。

每2周追肥一次

第5步

南瓜蒂部变成木质、皮变硬的时候就可以收获了。

注意事项

◎必须要人工授粉吗？

南瓜的雌花如果不进行授粉，就会造成只长蔓而不结果的情况，在大自然中这种时候蜜蜂等昆虫往往会帮忙，但是在阳台上种植就无法实现了，人工授粉是确保成功结果的最好方式。

◎光长蔓不结果时怎么办？

南瓜对氮肥的需求量并不多，施用过多就会导致只长蔓不结果的情况出现，因此一定要控制好肥料的使用，以免收获不到果实。

不能施肥过多

氮肥肥料

草莓

酸甜可口，样子可爱

　　草莓外观呈心形，鲜美红嫩，果肉多汁，有着特别而浓郁的水果芳香。但是草莓不耐旱，即使是在休眠期的冬季也不要忘记时常浇水。高温多湿的环境容易让草莓患上白粉病或灰霉病，所以夏季一定要注意植物的通风。

别　　名	红莓、洋莓、地莓、 士多啤梨
科　　别	蔷薇科
温度要求	温暖
湿度要求	湿润
适合土壤	酸性排水性好的肥 沃土壤
繁殖方式	播种、植苗
栽培季节	秋季
容器类型	中型
光照要求	喜光
栽培周期	7 个月
难易程度	★★

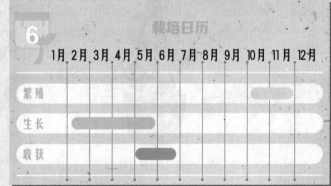

栽培日历

	1月	2月	3月	4月	5月	6月	7月	8月	9月	10月	11月	12月
繁殖												
生长												
收获												

开始栽种

 第 1 步

　　草莓叶子根部膨胀起来的部分叫作齿冠，齿冠要长得粗壮，草莓才会长得好。在一个中型容器中至多挖 3 个坑，间距为 25 厘米，然后将草莓种苗埋入坑中，土要略覆盖齿冠部分，用手轻轻按压后浇水。

第2步

种植3个月的时候进行第一次追肥，一株施肥10克左右，撒在草莓底部。

第3步

当新芽长出后，要将枯叶去掉，这个时候开出的花没有结果的迹象，也要直接摘除。

第4步

当果实刚刚长出来的时候，要在植株底部铺上一层草或锡纸。

第5步

种植半年左右要进行收获前的最后一次追肥，撒在底部，与土混合，一个月后就可以收获了。

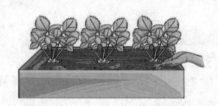

注意事项

◎选择什么样的苗呢？

草莓的苗比较容易受到细菌的感染，选择脱毒草莓苗保证草莓在比较安全的前提下进行栽种，是比较保险的。

脱毒草莓苗

◎为什么要统一草莓苗的爬行茎？

草莓是通过爬行茎的生长来繁殖新苗的，果实一般生长在爬行茎的对侧。植苗的时候，最好将不同草莓苗的爬行茎的方向统一一下。

◎为什么要铺草？

草莓喜湿润，而果实接触泥土后却非常容易造成腐烂，因此在土壤表层铺草在避免土壤干燥的同时，还可以防止果实接触泥土而造成腐烂。

茄子

传统佳蔬，营养丰富

茄子是我们日常生活中最常见到的蔬菜之一，利用种子栽种不容易成活，作为初学者，我们最好选择成苗的植株进行栽种。每年的 5~8 月是收获茄子的季节，要注意及时采摘。

别　　名	落苏、昆仑瓜、矮瓜
科　　别	茄科
温度要求	温暖
湿度要求	湿润
适合土壤	中性排水性好的肥沃土壤
繁殖方式	播种、植苗
栽培季节	春季
容器类型	大型
光照要求	喜光
栽培周期	6 个月
难易程度	★★

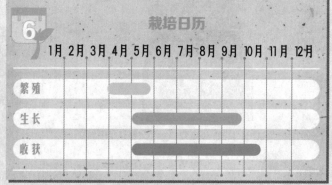

栽培日历

	1月	2月	3月	4月	5月	6月	7月	8月	9月	10月	11月	12月
繁殖				▬								
生长					▬	▬	▬	▬	▬			
收获					▬	▬	▬	▬	▬	▬		

开始栽种

第1步

选择整体结实、叶色浓绿，并带有花蕾的种苗。用手夹住种苗底部将其放在已经挖好坑的容器中，准备 1 根长 60 厘米的支杆，在距苗 5 厘米的位置插入土壤，并用麻绳将其与植株的茎轻轻捆绑。土层表面有干的感觉时就要及时浇水。

第2步

2周后要将植株所有的侧芽都去掉，只留下主枝。当出现第一朵花时，留下花下最近的2个侧芽，其余的全部摘掉。选择1根长为120厘米的支杆，插到菜苗旁边，用麻绳进行捆绑。此后每2周要进行追肥。

立支杆

每2周追肥一次

第3步

为了让植株更好地生长，当果实长到10厘米左右的时候，即可用剪刀将果实从蒂部剪取。

第4步

7月上旬到8月下旬，将旧的枝剪去，新的枝就会长出来，接下来只要静心等待收获的到来就可以了。

注意事项

◎选择什么样的日子摘取侧芽呢？

一般来说，摘取侧芽要选择在晴天进行，侧芽可用手轻轻地掰掉，也可用剪刀剪掉。

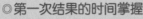

◎第一次结果的时间掌握

茄子第一次结果的采摘时间一定要提前，只要茄子长得光泽饱满了就可以进行采摘，提早于标准收获期是完全可以的。

雄蕊比雌蕊长

◎花朵可以告诉我们什么？

茄子的花朵会告诉你茄子的生长状况如何，如果雄蕊比雌蕊长，植物的健康状况就不好，原因可能是水分或者肥料不足，也可能是有害虫作怪。

雄蕊
雌蕊

保鲜膜将茄子包起来

◎茄子怎么保存？

茄子的水分很容易流失，摘下果实后要用保鲜膜将茄子包起来，放在冰箱里保存可以保持茄子的新鲜度。

蚕豆

味道甘美，营养丰富

　　蚕豆是一种营养非常丰富的美食，具有调养脏腑的功效。栽种的时间一般是秋季，需要越冬，春天的时候才会发芽。当豆荚由朝上变成向下沉甸甸地悬挂在枝头的时候，就表明蚕豆已经成熟了。

别　　名	胡豆、佛豆、倭豆、罗汉豆
科　　别	豆科
温度要求	温暖
湿度要求	湿润
适合土壤	微碱性排水性好的肥沃土壤
繁殖方式	播种
栽培季节	秋季
容器类型	大型
光照要求	喜光
栽培周期	7个月
难易程度	★★

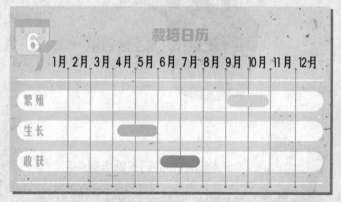

栽培日历

	1月	2月	3月	4月	5月	6月	7月	8月	9月	10月	11月	12月
繁殖									■	■		
生长				■	■							
收获							■	■				

开始栽种

第 1 步

　　准备几个3号的小花盆，每盆中将2颗蚕豆放入土中，一定要将蚕豆黑线处斜向下放入土中，不要全埋，让一小部分种子露在土壤上面。

第**2**步

　　3周后将植株所有的侧芽都去掉，只留下主枝。当叶子长出2~3片的时候，将长势不好的小苗拔掉。然后将长势好的幼苗移植到一个大容器中，将苗放置在已经挖好坑的容器里，株间距要保持在30厘米左右，然后浇水。

3周后

30厘米　30厘米

第**3**步

　　3个月后选数根1米长左右的支杆，插在容器的边缘，将植株围绕在里边。用麻绳将支杆绑成栅栏的样子。用麻绳将植株的茎引向较近的支杆。

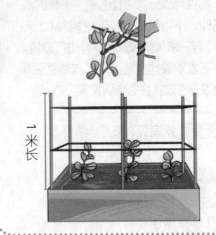

1米长

第**4**步

　　当植株长到40~50厘米长的时候，每株选取较粗的茎留下3~4根，其余的剪掉。然后追肥20克，再培培土。

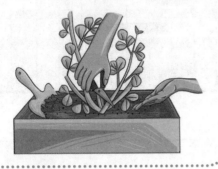

第**5**步

　　植株开花后，要进行剪枝，以促进果实生长。

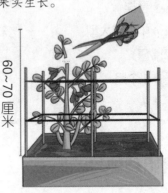

60~70厘米

第**6**步

　　当豆荚背部变成褐色的时候，从豆荚根部用剪刀剪取。

扁豆

🌱 快速成熟，营养丰富

　　扁豆可以分为带蔓的和不带蔓的两个品种，不带蔓的扁豆栽培期为 60 天左右，自己栽种建议选择这种进行栽植。扁豆不喜欢酸性土壤，果实成熟后要早些摘取，否则就会影响到果实口感。

别　　名	南扁豆、茶豆、南豆、小刀豆、树豆
科　　别	豆科
温度要求	耐高温
湿度要求	耐旱
适合土壤	碱性排水性好的肥沃土壤
繁殖方式	播种
栽培季节	春季
容器类型	中型或大型
光照要求	喜光
栽培周期	2 个月
难易程度	★

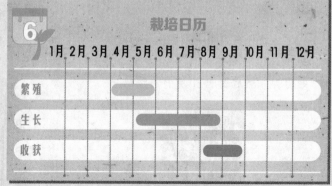

栽培日历

	1月	2月	3月	4月	5月	6月	7月	8月	9月	10月	11月	12月
繁殖				■	■							
生长						■	■	■				
收获								■				

🌼 开始栽种

第 1 步

　　在容器中挖坑，株间距保持在 20~25 厘米。每个坑里至多放 3 粒种子，种子之间不要重合，然后覆土、浇水，种子发芽前一定要保证土壤湿润。

20~25 厘米　20~25 厘米

第2步

2周后将植物所有的侧芽都去掉，只留下主枝。当叶子长到2~3片时，3株小苗中选出最弱的剪掉，留下2株。然后进行培土，以防止小苗倒掉。

第3步

不带蔓的扁豆品种可以不立支杆，如果处在风较强的环境中，可以简单立支杆，用麻绳轻轻捆绑。当苗长到20厘米时，可追肥10克，与表层的土轻轻混合。

第4步

开花后15天左右就可以收获，扁豆尚不成型的情况下收获是最好的，会更加香嫩可口，收获晚了扁豆就会变硬。

土壤板结怎么办？

浇水会使得土壤变硬，经常松土，可以有效改善土壤板结的情况。

注意事项

◎怎样防鸟？

扁豆的嫩芽是鸟类的至爱，如果不想办法的话，扁豆嫩芽可能要被小鸟吃光，在植株上罩一层纱网可以有效抵御鸟的侵袭。

🚫 ◎千万不要这么做

如果扁豆长得不好，就要及时进行处理，在处理的时候，千万不要连根拔起，这样可能会伤害到其他的植株，用剪刀从根部剪掉最好。

毛豆

口味绝佳，营养护肝

毛豆是一种非常容易种植的植物，它适应性强，生长快，从种植到收获只需要不到 90 天的时间。但是毛豆非常讨厌氮元素含量高的土壤，因此施肥的时候一定要注意。光照好的环境更利于毛豆的生长。

别　　名	菜用大豆
科　　别	豆科
温度要求	温暖
湿度要求	湿润
适合土壤	中性排水性好的肥沃土壤
繁殖方式	播种
栽培季节	春季
容器类型	大型
光照要求	喜光
栽培周期	3 个月
难易程度	★★

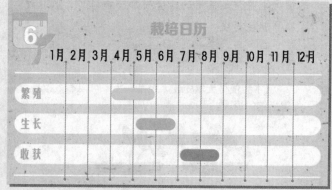

栽培日历

	1月	2月	3月	4月	5月	6月	7月	8月	9月	10月	11月	12月
繁殖				▬								
生长					▬							
收获							▬					

  开始栽种

第 1 步

在容器中挖坑，每个坑里放 3 粒种子，注意种子之间不要重合，在种子上面盖约 2 厘米厚的土，然后进行浇水，种子发芽之前要保持土壤湿润。

第**2**步

2 周后当叶子长出来，要将生长较弱的一株剪去，用手轻轻培土按压。

2 周后

第**3**步

播种 3~6 周后进行第一次追肥，开花后 6 周再追肥一次，每一株施肥 4 克，撒在植物底部并与泥土混合。然后进行培土。

第**4**步

开花后 8 周进行第三次追肥，每株 4 克，撒在植物根部与泥土混合，同时要立起支杆。

第三次追肥

第**5**步

当植株和支杆一样高时，将主枝上端的枝条减去，让其停止生长。种植 3 个月就可以收获了，将植株从根部剪去即可。

注意事项

◎大豆和毛豆有什么区别？
　　毛豆和大豆实际上是一种植物，毛豆是在大豆较嫩的时候摘取的，比大豆含有更为丰富的维生素 C。

大豆

毛豆

黄豆牙

◎何时要罩纱网？
　　种子发芽后，为了避免嫩芽被鸟啄食，我们要罩上纱网。叶子长出来的时候要去掉纱网。毛豆开花的时候会受到"臭大姐"（椿象的俗名）的骚扰，因此要再次罩上纱网。

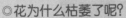

◎花为什么枯萎了呢？
　　一般来说，毛豆的花朵在不应该枯萎的时候出现枯萎的现象是由于缺水导致的。毛豆在开花的时候需要大量浇水，这个时期土壤的湿润程度也直接关系到果实是否长得饱满。

青椒

营养丰富，美容养颜

　　青椒是一种非常耐热的作物，所以害虫侵扰少，培植起来比较容易。青椒中维生素 C 的含量非常高，是美容养颜的健康蔬菜，青椒中富含的辣椒素是一种抗氧化成分，对防癌有一定的效果。

别　　名	大椒、灯笼椒、柿子椒、甜椒、菜椒
科　　别	茄科
温度要求	温暖
湿度要求	耐旱
适合土壤	中性排水性好的肥沃土壤
繁殖方式	播种、植苗
栽培季节	春季
容器类型	大型
光照要求	喜光
栽培周期	2 个月
难易程度	★★

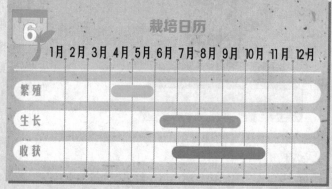

栽培日历

	1月	2月	3月	4月	5月	6月	7月	8月	9月	10月	11月	12月
繁殖				▬								
生长							▬▬▬		▬			
收获								▬▬▬▬▬				

开始栽种

第1步

　　选择有花蕾、结实、根部土块厚实的植株。用手夹住菜苗，放入已经挖好坑的容器中，并插入支杆，用麻绳将支杆与植物轻轻捆绑。浇水，直到浇透为止。

第2步

2周后将植株所有的侧芽都去掉，只留下主枝。第一朵花开后，花朵下边最近2个侧芽留下，其余侧芽全部摘去。找1根长为120~150厘米左右的支杆插入容器中，在距底部20~30厘米处用麻绳捆绑，原来的支杆保持不变。

120~150 厘米

主枝
侧芽
花蕾
侧芽

第3步

当出现小果实时要进行追肥，取10克左右的肥料撒入泥土，此后每隔2周追肥1次。

每2周追肥一次

第4步

当果实长到4~5厘米时就要进行第一次采摘了，较早收获有利于后面果实更好地生长。

4~5 厘米

第一次采摘

第5步

青椒长到5~6厘米的时候进行第二次采摘，早些采摘可以减少青椒植株的压力。

5~6 厘米

注意事项

◎彩椒栽培时间更长

青椒的品种非常多，不仅仅是青色的，还有红色、橙色、黄色、白色、紫色等颜色，看起来非常美丽的彩椒的栽培时间比普通青椒的长，但是肉厚味甜，深受人们的喜爱。

◎如果忘记施肥会怎样？

青椒在生长期间非常需要肥料的滋养，如果青椒的肥料不足的话，就会造成青椒成熟后变得非常辣。

第二章

叶类蔬菜

油菜

🌱 栽种容易，口感脆嫩

　　油菜喜冷凉，抗寒力较强，种子发芽的最低温度为 3~5℃，在 20~25℃条件下三天就可以出苗，油菜不需要很多的光照，只要保持半天的光照就可以了。

　　撒种的时候，要注意不要栽植过密，这样会使得油菜没办法长大。油菜容易吸引害虫，要罩上纱网做好预防工作。

别　　名	芸薹、寒菜、青江菜、上海青、胡菜
科　　别	十字花科
温度要求	温暖
湿度要求	耐旱
适合土壤	中性排水性好的肥沃土壤
繁殖方式	播种
栽培季节	春季、秋季
容器类型	中型
光照要求	短日照
栽培周期	1 个月
难易程度	★

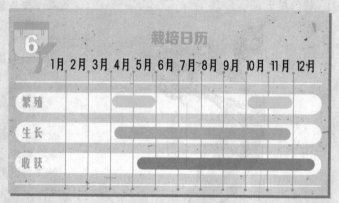

栽培日历

	1月	2月	3月	4月	5月	6月	7月	8月	9月	10月	11月	12月
繁殖												
生长												
收获												

开始栽种

第 **1** 步

将土层表面弄平，造深约1厘米、宽约1~2厘米的小壕，壕间距为10~15厘米。每间隔1厘米放1粒种子，然后盖土，浇水，发芽之前都要保持土壤湿润。

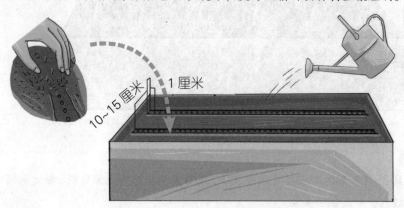

第 **2** 步

油菜发芽后，要将发育不太好的菜苗拔掉，使株间距控制在3厘米左右。为了防止留下来的菜苗倒掉，要适量进行培土。

虫害的防治

油菜的虫害主要有蚜虫、潜叶蝇等。防治药剂有40%乐果乳油或40%氧化乐果1000 ~ 2000倍液、20%灭蚜松1000 ~ 1400倍液、2.5%敌杀死乳剂3000倍液等。蚜虫防治可以设置黄板诱杀蚜虫，或利用蚜茧蜂、草蛉、瓢虫、食蚜蝇等进行生物防治。

第 **3** 步

当本叶长到2~3片的时候，将肥料撒在壕间，与土混合，然后将混了肥料的土培到株底，并保持株间距为3厘米。

当植株长到 10 厘米高的时候在壟间施肥 10 克左右。

施肥 10 克左右

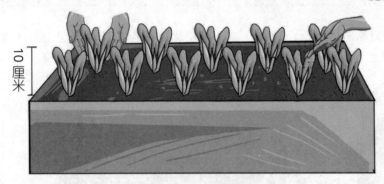

10 厘米

第5步

当长到 25 厘米高的时候就可以收获了，用剪刀从植株的底部剪取。错过采摘时间，油菜生长过大，口感就会变差。

适时采摘

25 厘米

注意事项

◎撒种的时候要注意什么？

在播撒种子的时候一定要注意不要将种子播撒得太密，种子重合生长会给日后的间苗带来很大困难。

◎间出的苗也是宝

间出来的菜苗不要扔掉，它也是一种营养美食，我们可以把它当作芽苗菜食用，无论是炒菜还是生吃都非常可口哦！

追肥一次即可

◎追肥要注意什么？

油菜是一种对肥料需求并不大的植物，平时尽量不要施太多的肥料，长势好的情况下，追肥一次就足够了。

苦菊

🌿 口感清脆，种植简便

苦菊有很多品种，主要是体现在大小的不同上面，盆栽种植最好选择小株。苦菊是一种非常不耐寒的蔬菜，在保证温度的同时要勤于浇水，这样苦菊会长得更好。

别　　名	苦苣、苦菜、狗牙生菜
科　　别	菊科
温度要求	温暖
湿度要求	湿润
适合土壤	中性排水性好的肥沃土壤
繁殖方式	播种
栽培季节	春季、秋季
容器类型	中型
光照要求	短日照
栽培周期	1 个月
难易程度	★

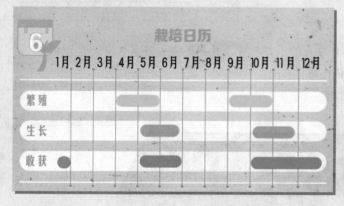

6 栽培日历

	1月	2月	3月	4月	5月	6月	7月	8月	9月	10月	11月	12月
繁殖				▬	▬				▬	▬		
生长					▬	▬				▬	▬	
收获	▬				▬	▬				▬	▬	▬

美食妙用

苦菊具有抗菌、解热、消炎、明目等作用，是清热去火的美食佳品。

紫甘蓝拌苦菊

材料： 苦菊 1 棵，紫甘蓝半棵，盐、鸡精、陈醋、糖、生抽、熟芝麻、香油适量。

做法：

❶ 将苦菊、紫甘蓝洗净后切丝。❷ 用小火将油烧热，放入干辣椒和花椒煸炒出香味后，关火冷却。❸ 将菜品浇上辣椒油，再放入盐、鸡精、陈醋、糖、生抽、熟芝麻、香油搅拌均匀即可。

开始栽种

第1步

先在土壤上造深约 1 厘米、宽约 1~2 厘米的小壕，壕间距为 15 厘米左右，每隔 15 厘米放 1 粒种子。注意种子不要重叠，然后轻轻盖土，浇水，发芽前要保持土壤湿润。

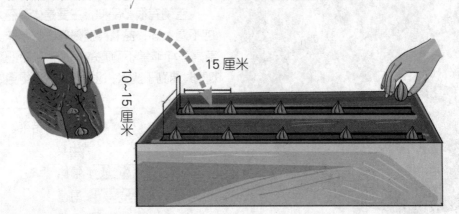

15 厘米

10~15 厘米

第2步

当小苗都长出来后，将发育较差的小苗拔掉。株间距要保持在 3 厘米左右。在小苗的根部适量培土，以防止植株倒掉。

株间距 3 厘米

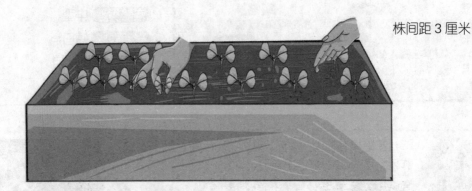

间出的小苗是美味

间出的小苗不要扔掉，小苗鲜嫩无比，是不可多得的美食，我们可以用它来炒菜、生吃，既健康又美味。

第3步

当本叶长出3片的时候，进行第一次追肥，将肥料撒在壤间与泥土混合。往菜苗根部适量培肥料土。

第4步

当长到20~25厘米高的时候，进行间苗，使株间距控制在30厘米左右。剩下的苦菊要培植成大株，因此要进行最后一次追肥。

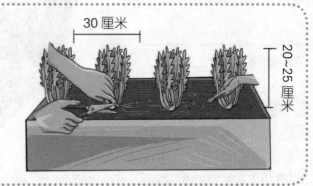

30 厘米

20~25 厘米

注意事项

○虫子怎么这么多？

苦菊非常受害虫的欢迎，如果不尽快采取措施，辛苦栽种的蔬菜就要被虫子吃光了，在容器上面罩上一层纱网可以有效地防止害虫侵袭。

○不需要烹调的菜

苦菊的茎叶柔嫩多汁，营养丰富。维生素C和胡萝卜素含量分别是菠菜的2.1倍和2.3倍。嫩叶中氨基酸种类齐全，且各种氨基酸比例适当。苦菊的食用方法多种多样，但生吃是最好的选择，这样可以更加全面地保持住蔬菜中的营养成分，口味也很清新。

○苦菊不能随便摘

苦菊采摘后非常不容易保存，水分会迅速流失，现摘现吃既新鲜又美味，是最佳的选择。

现摘

○选种要注意什么？

苦菊的采种应在植株顶端果实的冠毛露出时为宜。种子的寿命较短，一般为2年，隔年的种子发芽率将大大降低，以当年的种子发芽率为最高。

西兰花

通身可食，口感爽脆

西兰花可以利用的地方非常多，最初长出来的顶花蕾、后来长出来的侧花蕾和茎都可以食用。生长期可以从春天一直到12月。

别　　名	青花菜、绿菜花、绿花椰菜
科　　别	十字花科
温度要求	温暖
湿度要求	耐旱
适合土壤	中性排水性好的肥沃土壤
繁殖方式	植苗
栽培季节	春季、夏季、秋季
容器类型	大型
光照要求	喜光
栽培周期	1个半月
难易程度	★★

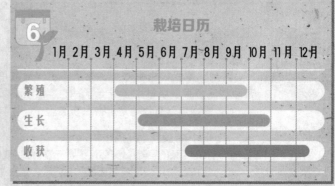

栽培日历

	1月	2月	3月	4月	5月	6月	7月	8月	9月	10月	11月	12月
繁殖				■	■	■	■	■				■
生长					■	■	■	■	■	■		
收获							■	■	■	■	■	■

开始栽种

第1步

选择长势端正、没有任何损害痕迹的小苗，放入已经挖好坑的容器中，培好土后轻压浇水。

第 **2** 步

2周后，要进行第一次追肥，将肥料与土混合，为了防止小苗倒掉，要适当培土。

第一次追肥

第 **3** 步

2厘米

当顶花蕾的直径达到2厘米时便可以收获，然后进行第二次施肥，施肥10克，与土混合。

第 **4** 步

当侧花蕾的直径为1.5厘米的时候可以进行第二次收获，茎长到20厘米高时用剪刀剪取也可以食用。

第二次收获   1.5厘米

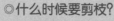

20厘米

美食妙用

西兰花的钙含量可与牛奶相媲美，可以有效地降低诸如骨质疏松、心脏病以及糖尿病等的发病概率。

蒜香西兰花

材料： 西兰花1棵，蒜2瓣，油、盐、鸡精、水淀粉、香油适量。

做法：

❶ 将西兰花掰成小朵后洗净，在沸水中焯2分钟，蒜捣成蒜泥。❷ 油锅热后先放入蒜泥煸炒，再放入西兰花、盐、味精、鸡精翻炒。❸ 最后加入水淀粉勾芡，再淋些香油即可。

注意事项

◎ **西兰花是菜花吗？**

西兰花和菜花是两种不同的蔬菜，菜花一般只食用花蕾的部分，而西兰花的花和茎都可以食用，茎部往往比花蕾部分更加爽脆，口味类似于竹笋，非常可口。

2厘米

◎ **什么时候要剪枝？**

西兰花的剪枝和收获是同步进行的，在收获顶花蕾的同时，也就促进了侧花蕾的生长。

◎ **西兰花的剪切方法**

采摘西兰花的时候，不要用手直接进行处理，一定要用刀子或者剪刀进行采摘，否则很容易破坏茎部的组织。

菜花花蕾   竹笋

西兰花

生菜

🌿 香脆可口，耐寒易种

生菜的生长周期非常短，栽培30天左右就可以收获了，生菜抗寒、抗暑的能力都很强，不需要我们过多的照顾，是懒人种植的最佳选择。但是生菜不可以接受太多的光照，否则就会出现抽薹的现象，夜间也不要放在有灯光的地方。

别　　名	鹅仔菜、莴仔菜
科　　别	菊科
温度要求	温暖
湿度要求	湿润
适合土壤	微酸性排水性好的肥沃土壤
繁殖方式	植苗
栽培季节	春季、夏季、秋季
容器类型	中型
光照要求	喜光
栽培周期	1 个月
难易程度	★

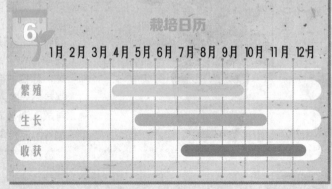

栽培日历

	1月	2月	3月	4月	5月	6月	7月	8月	9月	10月	11月	12月
繁殖			■	■	■	■	■	■	■			
生长					■	■	■	■	■	■	■	■
收获							■	■	■	■	■	■

🌸 开始栽种

第 1 步

选择色泽好、长势良好的苗放入已经挖好坑的土壤中，要尽量放得浅一些，用手轻压土壤，然后浇水。如果同时栽种2株以上的话，植株间要保持在20厘米左右的间距。

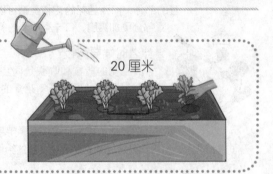

20 厘米

第2步

2周后，要进行追肥，撒在植株根部，并与泥土混合。

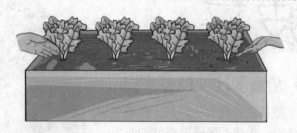

叶子的颜色不好是怎么回事？

叶子若受到雨水的影响就会变黄，为了防止雨水从芽口处灌入，去侧芽要选择在晴天进行，这样也可以使植株看起来更加健康。

第3步

当菜株的直径长到25厘米高的时候便可以收获，用剪刀从外叶开始剪取，现吃现摘。

25厘米

注意事项

○抽薹是什么？

抽薹是指植物因受到温度和日照长度等环境变化的刺激，随着花芽的分化，茎开始迅速生长，植株变高的现象，直接导致的就是茎叶的徒长。生菜如果抽薹，叶子就会变硬。因此即使在夜间也要把生菜搬到光亮照不到的地方去。

25厘米

○生菜有很多种

生菜的品种有很多，按照生长状态可以分为散叶生菜和结球生菜。在色彩上更是多种多样，将不同品种、色泽的生菜种子放到一起培植，还可以获得混合生菜。

○怎样保持生菜的口感？

生菜采摘后却不食用，口感会变得非常不好，所以我们最好现摘现吃。用菜刀切生菜，接近刀口部分的生菜会变色，因此我们最好用手撕的方式处理生菜。

散叶生菜 结球生菜

莴苣叶子生菜 西生菜

○收获方法

收获生菜，我们可以用剪刀整株剪取，或者掰取要食用的部分，千万不要一叶叶地剪下来。

菠菜

柔嫩多汁，营养丰富

　　菠菜喜欢阴凉的环境，要避免夏日栽培，在秋季播种是最好的选择，日常养护的时候光照也只能最多半天，夜里受灯光照射也不利于菠菜的生长。菠菜在寒冷的环境中味道会变甜哦！

别　　名	菠棱、鹦鹉菜、红根菜、飞龙菜
科　　别	藜科
温度要求	阴凉
湿度要求	湿润
适合土壤	微酸性排水性好的肥沃土壤
繁殖方式	播种
栽培季节	春季、秋季
容器类型	中型
光照要求	短日照
栽培周期	1 个月
难易程度	★

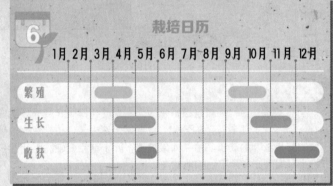

栽培日历

	1月	2月	3月	4月	5月	6月	7月	8月	9月	10月	11月	12月
繁殖			■■							■■		
生长				■■						■■		
收获					■■							■■

开始栽种

第1步

　　在平整的土壤上面造壕，每间隔 1 厘米放入 1 粒种子，种子不要重合。然后浇水，发芽前务必要保持土壤湿润。

1 厘米

第2步

当子叶长出后，将长势较差的小苗拔去，使株间距控制在3厘米左右。往根部培培土，以防止小苗倒掉。

株距3厘米

第3步

当本叶长到2片的时候，要进行第一次施肥，将肥料撒在壕间，与土混合后将肥料土培向菜苗根部。

第4步

当菜苗长到10厘米高时，要进行第二次追肥，撒在壕间，并与泥土混合，然后将混合了肥料的土培向菜苗的根部。

10厘米

第5步

当菠菜长到20~25厘米高的时候，就可以用剪刀剪取收获了。

菠菜的营养价值

菠菜不仅含有大量的胡萝卜素和铁，也是维生素B₆、叶酸和钾质的极佳来源，蛋白质的含量也很高，每0.5千克菠菜就相当于两个鸡蛋蛋白质的含量。

20~25厘米

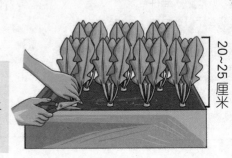

注意事项

◎多一次间苗

如果我们希望菠菜生长成比较大的个头，就需要进行第二次间苗，将植株的间距控制在5~6厘米就可以了。

5~6厘米

◎限制光照

菠菜的生长不喜欢光照，光照过多就会使菠菜出现抽薹的现象，灯光照射也会出现抽薹的现象，即使是在夜里也要将植株搬移到灯光照不到的地方，这样才可以让其生长得更好。

茼蒿

淡淡苦香，营养健康

　　茼蒿的栽种季节可以是春季也可以是秋季，种类主要是根据茼蒿叶子的大小而划分的，盆栽应该选择抗寒性、抗暑性都强的中型茼蒿。茼蒿剪去主枝后，侧芽还可以继续生长，因此成熟后可以不断地收获新鲜的蔬菜。

别　　名	蓬蒿、春菊
科　　别	菊科
温度要求	耐寒
湿度要求	湿润
适合土壤	微酸性排水性好的肥沃土壤
繁殖方式	播种
栽培季节	春季、秋季
容器类型	大型
光照要求	短日照
栽培周期	1 个月
难易程度	★

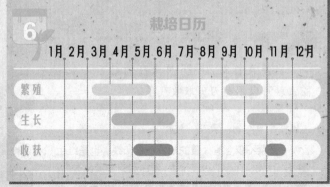

栽培日历

6	1月	2月	3月	4月	5月	6月	7月	8月	9月	10月	11月	12月
繁殖			▬	▬					▬	▬		
生长				▬	▬					▬	▬	
收获					▬	▬					▬	▬

 ## 开始栽种

 第 1 步

　　在土层表面挖深约 1 厘米左右的小壕，每隔 1~2 厘米撒 1 颗种子，然后覆土、轻压、浇水。

1~2 厘米　1 厘米

第2步

2周后，进行第一次间苗，当叶子长出1~2片的时候要再次进行间苗，将弱小的菜苗拔去，使苗之间相隔3~4厘米。为了防止留下的菜苗倒下，要往菜苗的根部适当培土。

3~4厘米

第3步

当叶子长到3~4片的时候，要进行拔苗，使苗之间相隔5~6厘米。追肥10克，撒在植物根部与泥土混合。为防止留下的菜苗倒下，要适当培土。

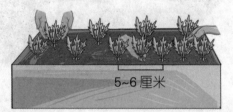

5~6厘米

第4步

当叶子长到6~7片的时候，就可以第一次收获了，从菜株的根部进行剪取，使株间距保持在10~15厘米的距离，然后进行第二次追肥，将肥料撒在空隙处，然后培土。

10~15厘米

第5步

当植物长到20~25厘米高的时候，进行真正的收获，可以将植株整株拔起，也可将主枝剪去，使侧芽生长。

茼蒿的食用价值

茼蒿具有调和脾胃、化痰止咳的功效，还可以养心安神、润肺补肝、稳定情绪、降压补脑、防止记忆力减退。

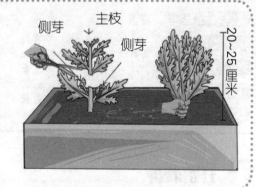

侧芽　　主枝　侧芽

20~25厘米

注意事项

◎栽种种子的时候要注意什么？

茼蒿的种子非常喜光，栽种的时候只要轻盖土即可，这样可以让种子感受到光照，更加有助于种子发芽生根。

◎吃不完的茼蒿怎么办？

茼蒿的样子很具有观赏性，在西欧，人们常常栽培茼蒿用于观赏，茼蒿开花的样子和雏菊非常相似，非常艳丽可人，如果茼蒿吃不完的话，也可以将其当作观赏植物进行种植。

小白菜

🌿 清热解毒，健康美味

　　小白菜是一种抗寒性、抗暑性都较强的蔬菜，但在冬季温度较低的情况之下不能栽种，其他的季节都可以。小白菜容易吸引害虫，要时时留意害虫的踪迹，及时进行处理。小白菜生长速度很快，要注意收获的时间，不然会影响口感。

别　　名	油白菜、夏菘、青菜
科　　别	十字花科
温度要求	温暖
湿度要求	湿润
适合土壤	中性排水性好的肥沃土壤
繁殖方式	播种
栽培季节	春季、夏季、秋季
容器类型	中型
光照要求	喜光
栽培周期	1个半月
难易程度	★

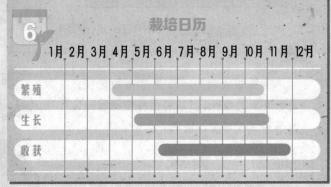

栽培日历

	1月	2月	3月	4月	5月	6月	7月	8月	9月	10月	11月	12月
繁殖					▬	▬	▬	▬				
生长					▬	▬	▬	▬				
收获						▬	▬	▬	▬			

🌼 开始栽种

第 1 步

　　将土层表面弄平，制造深约1厘米的小壕，壕间距为10厘米。每隔1厘米放一粒种子，注意种子之间不要重合。轻轻盖土，然后浇水。

1~2厘米　1厘米

第2步

苗差不多都长出来后，要进行间苗，使苗间距为3厘米。为使留下的菜苗不倒下，要往苗底适量培土。

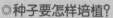
适时间苗

3厘米

第3步

当本叶长出3~4片时，我们要进行第二次间苗，使得苗间距为5~6厘米。进行追肥，撒在壤间并与土壤混合。为了防止留下的菜苗倒掉，要往植株的根部适量培土。

5~6厘米

第4步

4周后，当植株底部逐渐变粗，要进行第三次间苗，使株间距为15厘米左右。施肥10克撒在壤间，与土混合。为防止菜苗倒地，适量进行培土。

15厘米

第5步

当菜苗长到高约15厘米后便可以收获了，从底部用剪刀进行剪取。

15厘米

注意事项

◎种子放多了会怎样？
在播撒种子的时候，一定要注意播撒种子的数量，如果放了过多的种子，就会造成幼苗长出后过于拥挤，也就不利于苗壮。

◎种子要怎样培植？
湿润的土壤环境更加有利于种子发芽，因此在种子发芽之前，一定要保持土壤的湿润。

◎植株为什么不粗壮？
苗与苗之间的距离如果过近，就会导致每株菜苗所吸收的养分非常少，这样菜苗就不可能苗壮生长，用间苗的方法可以很好地改善这种拥挤的状况。植株之间最为理想的间距是15厘米左右。

洋葱

防癌健身，促进食欲

　　洋葱鳞茎粗大，外皮紫红色、淡褐红色、黄色至淡黄色，内皮肥厚，肉质。洋葱的伞形花序是球状，具多而密集的花，粉白色。花果期 5~7 个月。

　　初学者选择从幼苗开始栽培洋葱的方法比较合适，一般来说洋葱是春种秋收的，但是家庭栽种洋葱在任何时间都可以收获。洋葱适应性非常强，栽种失败的情况很少，初学者很容易就能掌握种植要领。

别 名	球葱、圆葱、玉葱、葱头、荷兰葱
科 别	葱科，旧属百合科
温度要求	温暖
湿度要求	湿润
适合土壤	中性排水性好的肥沃土壤
繁殖方式	植苗
栽培季节	秋季
容器类型	大型、中型
光照要求	喜光
栽培周期	4 个月
难易程度	★

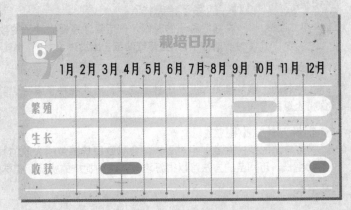

栽培日历

	1月	2月	3月	4月	5月	6月	7月	8月	9月	10月	11月	12月
繁殖									■	■		
生长										■	■	■
收获			■	■								■

开始栽种

第 1 步

　　选择不带伤病的幼苗，将土层表面弄平，造深约 1 厘米、宽约 3 厘米的小壕，壕间距为 10~15 厘米。将洋葱苗尖的部分朝上。将植株轻轻盖住，不要全盖了，幼苗的尖部留在土外。然后进行浇水，浇水的时候不要浇得过多，否则幼苗容易腐烂。

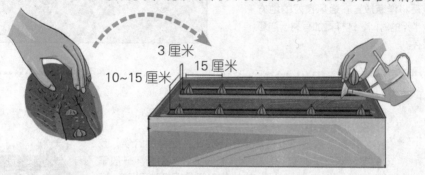

第 2 步

　　当苗长到 15 厘米高的时候，进行追肥，将混合了肥料的土培向菜苗根部。

第一次追肥

第 3 步

　　10 周后，进行第二次追肥，根部膨胀后施肥 10 克，将肥料撒在壕间，与土壤混合。将混合了肥料的土培向根部。

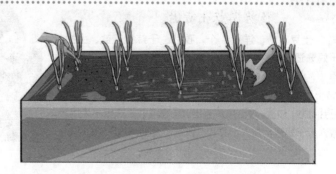

第4步

当叶子倒了的时候，就可以收获了，抓住叶子拔出来就可以了。

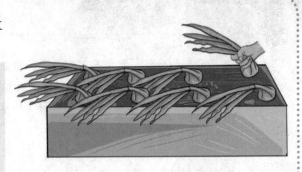

收获后的存放

洋葱一般情况下都比较容易保存，收获后将洋葱放置在通风良好的地方至少半天的时间，这样更加有利于洋葱的保存。

注意事项

◎空间要留足

洋葱一般是不进行间苗的，因此在栽种的时候，我们要留有足够的空间，让植株能够更好地生长。一般来说，苗与苗之间的距离达到10~15厘米是比较合适的。

15厘米

◎出现枯叶不要不管不顾

洋葱在生长期间如果出现了枯叶，就要及时将枯叶剪掉，否则枯叶容易导致洋葱出现病害现象。

磷酸

◎洋葱的肥料

洋葱是一种喜欢肥料的蔬菜，特别是植株出芽之后。缺乏磷酸元素的话，会造成洋葱的根部难以膨胀，在施底肥的时候要多加入含磷酸量比较多的肥料。

美食妙用

洋葱特别适宜患有心血管疾病、糖尿病、肠胃疾病的人食用，但一次不宜食用过多，否则容易引起发热等身体不适。

孜然洋葱土豆片

材料：土豆4个，洋葱1个，孜然、干辣椒、盐、生抽、老干妈酱适量。

做法：
❶ 将土豆切片泡水后沥干，洋葱切小块。❷ 油锅烧热后放入土豆片翻炒，加盐，炒至焦黄盛出。❸ 将洋葱干辣椒小火煸炒，再放入老干妈酱，加入土豆片、孜然、生抽煸炒入味即可。

土豆

营养丰富，诱人食欲

土豆是由种薯发育而成的，栽培期间要不断加入新土，所以容器要选用大的，也可用袋子做容器使用。土豆喜欢温凉的环境，高温不利于土豆的生长发育。土豆对土壤的要求不高，只要不过湿就可以了。

别　　名	马铃薯、洋芋
科　　别	茄科
温度要求	阴凉
湿度要求	耐旱
适合土壤	中性排水性好的肥沃土壤
繁殖方式	催芽栽种
栽培季节	春季、夏季
容器类型	大型、深型或袋子
光照要求	喜光
栽培周期	3个月
难易程度	★

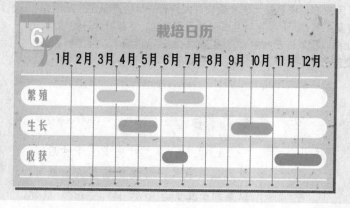

栽培日历

	1月	2月	3月	4月	5月	6月	7月	8月	9月	10月	11月	12月
繁殖			▇			▇						
生长				▇					▇			
收获						▇					▇	

开始栽种

第1步

　　将土的一半放入容器或袋子里，将种薯切开，切时注意芽要分布均匀，切开后每个重约30~40克。将种薯切口朝下放入挖好的洞中。种薯之间的距离控制在30厘米，盖土约5厘米深。

57

第2步

当新芽长到10~15厘米高后，将发育较差的新芽去掉，只留1株或2株。按1千克土配置1克肥料的比例，将土和肥料混合，倒入容器中，然后进行浇水。

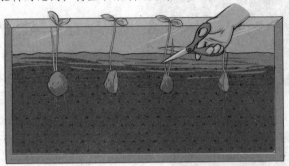

土豆块茎的长成

（1）块茎形成期：从现蕾到开花为块茎形成期，块茎的数目也是在这个时期确定。从现蕾到开花这段时期，块茎不断膨大。（2）块茎形成盛期：从开花始期到开花末期，是块茎体积和重量快速增长的时期，这时光合作用非常旺盛，对水分和养分的要求也是一生中最多的时期，一般在花后15天左右，块茎膨大速度最快，大约有一半的产量是在此期完成的。（3）块茎形成末期：当开花结实结束时，茎叶生长缓慢乃至停止，下部叶片开始枯黄，即标志着块茎进入形成末期。此期以积累淀粉为中心，块茎体积虽然不再增大，但淀粉、蛋白质和灰分却继续增加，从而使重量增加。

第3步

当植株出现花蕾的时候，要和上次一样进行追肥、加土。

追肥　　加土

第4步

13周后，茎、叶变黄、干枯后，就可以收获了。将植株连茎拔出就可以见到土豆了。

**注意
事项**

◎土壤的准备

在种植土豆之前，首先要处理好土壤，土豆对光照的要求比较大，所以可先将容器或袋子放在一个带轮子的木板上，这样就可以非常轻松地移动植株了，按照不同的时间调整光照，以让土豆长得更好。

◎为什么要用种薯？

任何一个市场都可以买到土豆，用整个土豆当作种薯岂不是很方便？事实上是不行的，我们平时吃的土豆没有进行特殊的处理，容易感染病害，收获量也就随之受到限制。在栽培土豆之前首先要确认种薯是脱毒的，并且是有芽的。

将土豆皮晒干，
土豆不容易坏掉

◎收获后的工作

土豆皮如果是潮湿的，就很容易坏掉，所以收获最好要选择在晴朗的天气进行，然后将土豆皮晒干，这样土豆可以储藏很长时间。

◎这样的土豆不要吃

如果土豆长芽了，千万不可以吃，土豆有芽的部分或是变绿的部分含有毒素，对人体的伤害非常大。

有芽或是变绿
的部分有毒
素，不要吃。

◎切刀务必消毒

马铃薯晚疫病、环腐病等病原菌在种薯上越冬，在切芽块时，切刀是病原菌的主要传播工具，尤其是环腐病，目前尚无治疗和控制病情的特效药，因此要在切芽块上下功夫，防止病原菌通过切刀传播。具体做法是：准备一个瓷盆，盆内盛有一定量的 75% 酒精或 0.3% 的高锰酸钾溶液，准备三把切刀放入上述溶液中浸泡消毒，这些切刀轮流使用，用后随即放入盆内消毒。也可将刀在火苗上烧烤 20~30 秒钟然后继续使用。这样可以有效地防止环腐病、黑胫病等通过切刀传染。

**美食
妙用**

土豆同大米相比，所产生的热量较低，并且只含有 0.1% 的脂肪。每周平均吃上五六个土豆，患中风的危险性可减少 40%，而且没有任何副作用。

辣白菜炒土豆片

材料： 白菜 250 克，土豆 2 个，酱油、醋、油、盐、白糖、十三香适量。

做法：

❶ 土豆切薄片浸泡半小时，葱切成末。❷ 油锅热后加入葱末煸炒，再放入辣白菜、沥干的土豆片翻炒，加盐。❸ 待土豆片成半透明状，放入鸡精即可。

白萝卜

促进消化，甜辣爽脆

　　白萝卜在春季和秋季都可以进行播种，但是白萝卜喜欢阴凉的环境，害怕高温，如果在春季播种很容易出现抽薹的现象，所以最好选择在秋季播种。白萝卜的叶子容易受到蚜虫、小菜蛾的侵扰，可以在菜苗上罩上纱网以预防虫害。

别　　名	芦菔
科　　别	十字花科
温度要求	阴凉
湿度要求	湿润
适合土壤	中性排水性好的肥沃土壤
繁殖方式	播种
栽培季节	春季、秋季
容器类型	大型、深型或袋子
光照要求	喜光
栽培周期	2 个月
难易程度	★★★

栽培日历

	1月	2月	3月	4月	5月	6月	7月	8月	9月	10月	11月	12月
繁殖				■					■			
生长					■					■		
收获							■					■

开始栽种

第 1 步

　　将土层表面弄平，挖深约2厘米、直径约5厘米的洞。一个洞里撒5粒种子，种子之间不要重合。然后盖土轻压，在发芽前要保持土壤湿润。

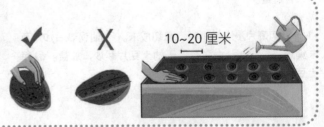

10~20 厘米

第2步

当本叶长出来后，要进行间苗。为防止留下的苗倒掉，要适当培土。

第3步

当本叶长出 3~4 片后，还要再次间苗，使一个洞里只剩 1 株或 2 株，间出的苗可以用来做沙拉。追肥的时候将肥料撒在植株根的位置，与土混合。为了防止留下的苗倒掉，要适当进行培土。

第4步

当本叶长出 5~6 片叶子的时候，要进行第三次间苗，一个洞里只剩下一株。追肥 10 克，将其撒在植株根部，与泥土混合。

第三次间苗

第5步

当根的直径达 5~6 厘米的时候，就可以收获了，握住植物的叶子，然后慢慢将它拔出来。

收获

5~6 厘米

注意事项

◎白萝卜劈腿怎么办？

如果土壤中混有石子、土块，本应该竖直生长的根受到阻碍，就很可能出现劈腿的现象。所以在准备土的时候，应该用筛子去掉不需要的东西，把土弄碎。另外，苗受伤也是劈腿的一个原因之一，间苗的时候一定要小心。

把土弄碎

◎拔萝卜

萝卜的根部深深地扎在土壤里面，将萝卜拔出来似乎是件很难的事。在拔萝卜之前，我们可以先松一松土，这样就可以很轻松地将萝卜拔出来了。

芥菜

提神醒脑，开胃消食

　　直径为 5 厘米左右的芥菜是所有品种中培植时间最短的一种，家庭种植最好选择这种。芥菜在春、秋两季都可以播种，喜欢阴凉的环境，既不耐干燥，也不耐高温。初学者最好选择在秋季栽培，这样可以减少养护上的麻烦。

别　　名	盖菜、大头菜
科　　别	十字花科
温度要求	阴凉
湿度要求	湿润
适合土壤	中性排水性好的肥沃土壤
繁殖方式	播种
栽培季节	春季、秋季
容器类型	中型
光照要求	喜光
栽培周期	2 个月
难易程度	★★★

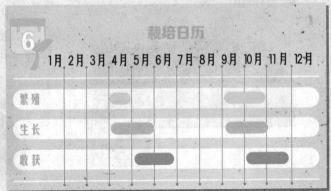

栽培日历

	1月	2月	3月	4月	5月	6月	7月	8月	9月	10月	11月	12月
繁殖				■						■		
生长				■	■				■	■		
收获					■	■				■	■	

开始栽种

第1步

　　将土表面弄平，造深约 1~2 厘米、宽约 1 厘米的小壕。每隔 1 厘米撒 1 粒种子，种子之间尽量不要重合。然后盖土浇水，发芽前要一直保持土壤的湿润。

1 厘米　1 厘米

第2步

当子叶长出来后，将较弱小的苗拔掉。为了防止小苗倒掉，要适量培土。

拔除弱苗

第3步

当本叶长出3片后，将较弱小的苗拔掉，将株间距控制在6厘米左右。在壤间撒肥料10克，与土混合，将混了肥料的土培向根部。

6厘米

第4步

当本叶长出6片后，将较小的苗拔去，使株间距控制在10厘米。追肥10克，与土混合，然后将混了肥料的土培向根部，尽量使根不要露出地面太多。

10厘米

第5步

当植物的根部直径长到5厘米左右的时候，就可以收获了，握住叶子用力拔出来。

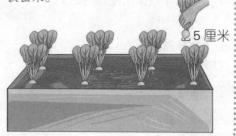

5厘米

注意事项

◎芥菜营养过多会怎样？

芥菜的施肥量要有控制，如果施肥过多的话，就会导致植物叶子的徒长。氮肥是植物生长叶子的肥料，尤其要注意氮肥的施用量。

◎浇水很重要

土壤湿度的变化会直接导致芥菜的根部是否出现裂痕，因此要注意定期浇水，以防止因为过度干燥而导致的干裂现象。

◎到时要收获

芥菜成熟后如果不及时收获，植株的体积就会变得越来越大，最终会出现裂开的现象。

胡萝卜

益肝明目，营养丰富

　　胡萝卜在发芽前土壤一定要保持湿润，而收获前土壤不要过湿。胡萝卜要定期施肥，栽种期间要注意燕尾蝶幼虫的侵袭，在植物上罩上纱网是最为有效的办法。

别　　名	红萝卜、黄萝卜、番萝卜、丁香萝卜
科　　别	伞形科
温度要求	阴凉
湿度要求	湿润
适合土壤	中性排水性好的肥沃土壤
繁殖方式	播种
栽培季节	春季、夏季
容器类型	中型
光照要求	喜光
栽培周期	2 个半月
难易程度	★★

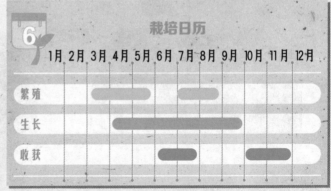

栽培日历

	1月	2月	3月	4月	5月	6月	7月	8月	9月	10月	11月	12月
繁殖												
生长												
收获												

开始栽种

第1步

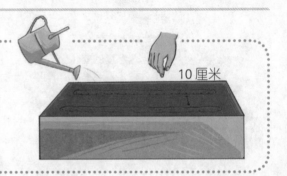

10 厘米

　　造出深约 1 厘米、宽约 1 厘米的小壕，壕间的距离为 10 厘米。每隔 1 厘米撒 1 粒种子，注意种子之间一定不可以重合。盖上土，浇水，在出芽前要保持土壤湿润。

第 **2** 步

当本叶长出来的时候，要进行第一次间苗，将长势不好的小苗拔去，然后施肥10克与泥土混合，适量培土，以防止幼苗倒掉。

第一次间苗

第 **3** 步

当本叶长到3~4片时，要再次间苗，间苗的时候要保持苗与苗之间的距离为10厘米。然后进行二次追肥。

第二次间苗

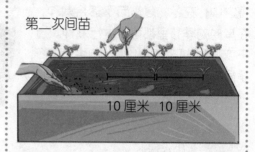

10厘米 10厘米

第 **4** 步

当胡萝卜的直径长到大约1.5~2厘米，就可以进行收获了，将胡萝卜从土壤中拔出来即可。

直径 1.5~2 厘米

收获晚了会怎么样？

和大部分食用根部的植物一样，到了收获的时间而不进行收获的话，就会导致胡萝卜出现裂缝，所以一定要掌握好收获的时间。

注意事项

◎需要阳光的胡萝卜种子

胡萝卜种子发芽的时候需要足够的光照才能够正常发芽，因此播种的时候，土层不可以覆得过厚，否则就会对胡萝卜的发芽造成影响。

◎需要培土的胡萝卜

在胡萝卜的生长过程中，要经常往植株根部培培土，这样可以防止胡萝卜的顶部出现绿化的现象。

◎收获前土壤要干燥

胡萝卜在临近收获的时候，要保持土壤干燥，这样胡萝卜会变得更甜，胡萝卜中的营养元素也会有所增加哦！

小萝卜

栽培期短，营养美味

　　小萝卜喜欢生长在比较阴凉的环境之中，在冬、夏季节不适合栽种，在其他的季节里都可以进行栽种。过干或过湿的环境对小萝卜的生长都不是很好，以罩纱网的形式来预防病虫害的发生最为有效。

别　　名	小水萝卜
科　　别	十字花科
温度要求	阴凉
湿度要求	湿润
适合土壤	中性排水性好的肥沃土壤
繁殖方式	播种
栽培季节	春季、秋季
容器类型	中型
光照要求	喜光
栽培周期	1 个月
难易程度	★★

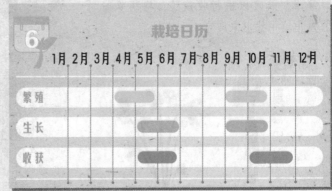

栽培日历

	1月	2月	3月	4月	5月	6月	7月	8月	9月	10月	11月	12月
繁殖				■					■			
生长					■				■			
收获					■					■		

开始栽种

第 1 步

　　将土层表面弄平，造深度约 1 厘米、宽度约 1 厘米的壕。每隔 1 厘米放入 1 粒种子，种子不要重合，然后培土、浇水，发芽之前保持土壤湿润。

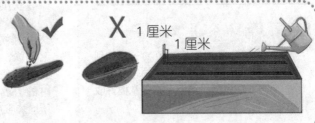

1 厘米
1 厘米

第2步

当芽长出来以后，将弱小的拔掉，使株间距控制在3厘米左右，为防止幼苗倒掉，要往根部适量培土。

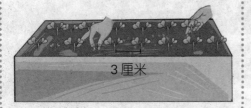

3厘米

第3步

当本叶长出3片后，就要进行追肥了，将肥料撒在壤间，与土壤进行混合，将混有肥料的土培向根部。

第4步

萝卜直径长到2厘米左右的时候就可以进行收获了，抓住叶子用力拔出小萝卜即可。

2厘米

要及时收获呀！

小萝卜如果收获晚了，口感就会变得很差。

注意事项

◎间苗时间的控制

小萝卜在生长期需要进行间苗，如果间苗的时间晚了，就会出现只长茎、叶，不长根的现象，因此一定要掌握好间苗的时间。另外，间出的小苗也是可以食用的，不要扔掉。

掌握好间苗的时间

5~6厘米

◎植株的距离

如果株间距过小，还可以再次间苗，使株间距为5~6厘米。

◎漂亮的小萝卜

小萝卜的种类很多，大小也不一，缤纷的颜色一定会为你的阳台增色不少。我们可以根据自己的喜好进行选择。

生姜

🍃 暖胃祛寒，促进消化

生姜喜欢高温多湿的生长环境，可以进行密集种植。对光照的要求并不是很高，但有充足的光照最好。生姜不耐旱，需要适量的水分，但是如果浇水过多、湿气过重，又会造成根部腐烂。

别　　名	姜皮、姜、姜根、百辣云
科　　别	姜科
温度要求	耐高温
湿度要求	湿润
适合土壤	中性排水性好的肥沃土壤
繁殖方式	播种
栽培季节	春季
容器类型	中型
光照要求	短日照
栽培周期	2 个月
难易程度	★

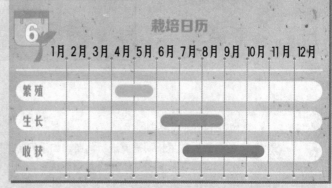

栽培日历

	1月	2月	3月	4月	5月	6月	7月	8月	9月	10月	11月	12月
繁殖				●								
生长							●					
收获								●				

🌱 开始栽种

第1步

将准备好的土的一半倒入容器中，将土层的表面弄平，将种姜切开，注意使芽分布均匀，切开后每片有芽 3 个左右。将芽朝上放置，紧密排列。盖土，土层厚 3 厘米左右即可，发芽前要始终保持土壤的湿润。

第 **2** 步

当植物发芽后，要进行追肥，将混有肥料的土培向植株根部。

适时追肥

第 **3** 步

当叶子长到 4~5 片的时候，可以进行第一次收获。

第一次收获

第 **4** 步

8 月的时候，当叶子长到 7~8 片时，可以进行第二次收获。

第二次收获

第 **5** 步

6 个月后，当叶子变黄后，用铁锹将生姜刨出来，这是最后一次收获。

注意事项

◎**选择什么样的种姜**

种姜一般选择的是前一年收获后埋在土里越冬的姜，要求饱满、形圆、皮不干燥。和土豆不同的是，在市场上出售的生姜也可以拿来当作种姜。

◎**天气转冷要这样做**

如果你居住在气温比较冷的地区，天气转凉的时候要在土层表面盖草，最好罩上一层塑料布，这样可以避免冻坏植物。

新生长的姜

◎**收获后种姜怎么办**

我们在收获新姜的时候种姜已经变得十分干燥了，但是不要扔掉，将种姜碾成碎末，就可以当作姜粉食用了。

种姜

第三篇
种花，
打造家中的好风景

3

一进入家门，那姹紫嫣红的色彩就映入眼帘，那迷人的气味就扑面而来，在自家的阳台上，你可以时时看到那初春般的青翠，心中的烦恼与压力也会随之一扫而空。

从种子到幼苗，再由幼苗变成一棵茁壮的植株，然后开花、结果，这一切的过程都会在你的精心培育下一点点地发生，你会感叹生命的神奇，更会领略到生活的美好。对于一个热爱生活的人，很难想象生活之中没有花草是什么样子，阳台上的那一抹抹绿色是人与自然最为和谐的验证，拥有了这一片美丽的小天地，就仿佛置身于大自然的怀抱之中，那些世俗的烦恼真的会变得不再重要。

种花的快乐更多的是一种恬淡的心境，一种于生活乐观积极的态度，更是生活品质的提升。

要体验生活的美好，那就快来享受种花带给我们的无尽快乐吧！

三色堇

点点芬芳，浓浓思念

　　三色堇是欧洲常见的野花物种，也常栽培于公园中，是冰岛、波兰的国花。

　　三色堇因为一朵花有三种颜色而著称，但是也有一花纯色的品种。三色堇色彩艳丽，对环境的适应能力很强，是比较容易种植的一种花卉。

　　三色堇代表着"思念"的含义，这是它的花语。

别　　名	蝴蝶花、鬼脸花、人面花
科　　别	堇菜科
温度要求	阴凉
湿度要求	湿润偏干
适合土壤	酸性排水性好的沙壤土
繁殖方式	播种、扦插、压条
栽培季节	夏季、秋季
容器类型	中型
光照要求	喜阴
栽培周期	全年
难易程度	★★

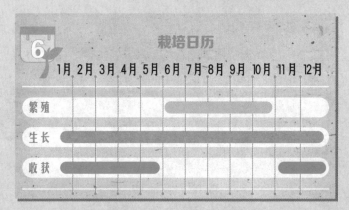

栽培日历

	1月	2月	3月	4月	5月	6月	7月	8月	9月	10月	11月	12月
繁殖							■	■	■	■		
生长		■	■	■	■	■	■	■	■	■	■	
收获		■	■	■	■	■					■	■

开始栽种

第1步

首先要将种子浸湿，晾干后就可以直接播种了，覆土2~3厘米即可。

2~3厘米

浸湿　　　　　　　　　晾干

第2步

　播种10天左右小苗就会长出。等小苗长到3~5片叶的时候，要进行上盆，然后置于阴凉的地方养护至少1周的时间，然后再放到阳台向阳的地方正常养护。

上盆

第3步

　在生长旺季，要施1次稀薄的有机肥或含氮液肥。

含氮液肥　　　　稀薄的有机肥

第4步

　植株开花一般在种植2个月后，开花时要保持充足的水分，这样更加有利于增加花朵的数量，适当遮阴还可以延长花期。

第**5**步

开花后 1 个月结果。当卵形的果实由青白色转为赤褐色时，要及时采收。

注意事项

◎三色堇怎么浇水？

　　三色堇对土壤的干湿环境要求比较高，一般来说我们看到土壤干燥的时候再浇水就可以，保持盆土偏干的环境是比较适合三色堇生存的。冬季的时候更要控制好浇水的量，以免植物受到病害的侵扰。

◎摘心在什么时候进行？

　　三色堇在生长期需要及时地进行摘心，剪去顶部的叶芽，以促使侧芽萌发，这样才可以使花朵开得更加繁盛。

◎三色堇只需要氮肥补充营养吗？

　　三色堇对肥料要求的量不大，但是对所含的营养有一定的要求，一般来说只需要氮肥来补充营养即可，也可在生长旺季追加 1 次稀薄的含磷复合肥。

含磷复合肥

美食妙用

　　三色堇具有杀菌的功效，能够治疗皮肤上的青春痘、粉刺和过敏问题。喝三色堇茶，或用三色堇茶涂抹在患处，对痘痘、痘印有很好的疗效。

三色堇奶酪沙拉

材料：三色堇 2 朵、生菜 2 片、香菜 1 把、奶酪 175 克、沙拉酱 130 克，柠檬半个，苹果醋、盐、橄榄油、黑胡椒适量。

做法：

❶ 将奶酪切成小块，香菜、三色堇切碎，生菜撕碎。❷ 将适量橄榄油、盐、黑胡椒、柠檬汁、苹果醋调和成酱汁。❸ 将奶酪、香菜、生菜、三色堇放入碗中，加入酱汁和沙拉酱，拌匀后即可食用。

山茶

可赏可尝，含蓄美好

山茶又被称为茶花，花期从10月到第二年的4月，品种繁多，色彩多样，是我国的传统十大名花之一。山茶花具有"美好、含蓄"的含义，不仅美丽多姿，全株还具有实用功效。

别　　名	曼佗罗树、薮春、山椿、耐冬、茶花
科　　别	山茶科
温度要求	温暖
湿度要求	湿润
适合土壤	酸性排水性好的沙壤土
繁殖方式	播种、嫁接、扦插、压条
栽培季节	夏季、秋季
容器类型	中型
光照要求	喜阴
栽培周期	全年
难易程度	★★

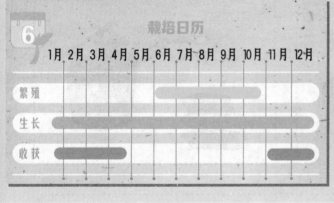

栽培日历

	1月	2月	3月	4月	5月	6月	7月	8月	9月	10月	11月	12月
繁殖												
生长												
收获												

开始栽种

第1步

山茶花可采用扦插的繁殖方式，剪取当年生10厘米左右的健壮枝条，顶端留2片叶子，基部带老枝的比较合适。

10厘米

第 **2** 步

将插穗插入土中，遮阴，每天向叶面喷雾，温度保持在在 20~25℃，40 天左右就可以生根了。

温度在 20~25℃

第 **3** 步

生长旺季施 1 次稀薄的矾肥水，当高温天气来临就要停止施肥，开花前要增施 2 次磷肥和钾肥。

矾肥水

高温时 X

开花前

增施 2 次

第 **4** 步

花芽形成后，要及时除去弱小、多余的花芽，每枝留有 1~2 个花蕾，同时摘除干枯的废蕾。

剪枯蕾   除花芽

第 **5** 步

花期一定不要向花朵喷水，花期结束时要及时除去残花，并立即追肥。

追肥

山茶的文化渊源

山茶花原产中国。公元 7 世纪初，日本就从中国引种山茶花，到 15 世纪初大量引种中国山茶的品种。1739 年英国首次引种中国山茶花，以后山茶花传入欧美各国。至今，美国、英国、日本、澳大利亚和意大利等国在山茶花的育种、繁殖和生产方面发展很快，已进入产业化生产的阶段，种间杂种和新品种不断上市。

中国栽培山茶的历史悠久。自南朝开始已有山茶花的栽培。唐代山茶花作为珍贵花木栽培。到了宋代，栽培山茶花已十分盛行。南宋时温州的山茶花被引种到杭州，发展很快。明代《花史》中对山茶花品种进行了描写分类。到清代，栽培山茶花更盛，茶花新品种不断问世。1949 年以来，中国山茶花的栽培水平有了一定的提高，品种的选育又有发展。中国山茶品种现已有 300 个以上。

注意事项

◎浇水时要注意

积水会造成根部腐烂

山茶花需要土壤保持充足的水分，夏季每天都要向叶片喷洒 1 次水，但不宜大量浇灌，山茶花积水容易造成植物根部的腐烂。

◎阳光不要很多

山茶花是一种不耐高温的花卉，炎热的夏季需要进行降温、遮阳，否则可能灼伤叶片，因此要尽量避免阳光直射。

◎花谢换盆

当秋天来临，花朵就要开始凋谢了，这个时候要及时进行换盆。将植株连土一起取出，剪去枯枝、病枝和徒长枝，并换入新土，浇透水后，进行遮阴养护。要注意的是山茶花的根系十分脆弱，移栽的时候一定要注意对植株的根系进行保护。

美食妙用

山茶花除栽培观赏外，花朵可做药用，有收敛止血的功效。山茶花是高级制茶原料，色香味俱佳，是茶中珍品。

山茶糯米藕

材料：山茶花 20 克、藕 1 段、糯米 150 克、红枣 8 粒、蜂蜜、红糖、冰糖、淀粉适量。

做法：

❶ 将藕洗净，切下一端藕节，将泡好的糯米从藕节的一端灌入藕孔中，并用筷子捣实，将藕蒂盖上，并用牙签固定。❷ 将糯米藕放入锅中，注水要没过莲藕，再放入红糖和红枣，大火煮开后转小火煮透，然后切片。❸ 在煮藕汤中加白糖、冰糖、山茶花，煮 5 分钟后勾芡，浇在藕片上即可。

牡丹

🌿 天姿国色，花中之王

　　牡丹素有"花中之王"的美称，不仅拥有着华贵的气质，而且历史悠久，是历代文人墨客称颂的典范。牡丹象征着富贵繁盛，种植一般用作观赏，但是牡丹的茎、叶、花瓣都具有很出众的药用价值。

别　　名	白茸、木芍药、洛阳花、富贵花
科　　别	芍药科
温度要求	耐寒
湿度要求	耐旱
适合土壤	中性排水性好的沙壤土
繁殖方式	播种、分株、嫁接、扦插
栽培季节	秋季
容器类型	大型
光照要求	喜光
栽培周期	8 个月
难易程度	★★

栽培日历

	1月	2月	3月	4月	5月	6月	7月	8月	9月	10月	11月	12月
繁殖								■	■	■	■	■
生长			■	■	■	■	■	■	■	■		
收获			■	■								

🌸 开始栽种

第 1 步

　　培养土要选择含有沙土和肥料的混合性土壤，用园土、肥料和沙土混合的自制土壤也是可以的。

沙土　　饼肥的混合土

粗沙　　园土　　腐熟的厩肥

第2步

将生长 5 年以上的牡丹连土取出，抖去旧土，放置于阴凉处晾 2~3 天，连枝一起切成 2~3 枝一组的小株。

控制开花的数量

牡丹在开花前要及时除掉多余、弱小的花芽，免得使其争抢营养的供给，从而使主要枝干的花朵开放得更加绚丽。

第5步

秋、冬季落叶后要进行整体的修剪，剪去密枝、交叉枝、内向枝以及病弱枝，保持整株的优美形态。

修剪整形

第3步

将植株扶正，然后将根部放入土坑中，覆土深度达到埋住根部的程度即可，浇透水。

第4步

开花时，要在植株上加设遮阳网或暂时移至室内，以避免阳光直射，延长开花时间。

注意事项

◎浇水看时节

牡丹花需要水量还是比较大的，春、秋季每隔 3~5 天就需要浇 1 次水，夏季每天早晚要各浇水 1 次，冬季控制浇水。

春、秋季 3~5 天浇水 1 次

夏季每天早晚浇水 1 次，冬季控制浇水

玫瑰

🍃 美容养颜，调节情绪

　　玫瑰象征着美好的爱情，具有浓郁的香气，令人赏心悦目。玫瑰的品种和花色也多种多样，在家中种植不仅可以陶冶心性，为自己的家增加绵绵情意，还可以用来制作茶饮美食，可谓一举多得。

别　　名	刺玫花、徘徊花
科　　别	蔷薇科
温度要求	阴凉
湿度要求	耐旱
适合土壤	微酸性排水性好的沙壤土
繁殖方式	播种、分株、扦插
栽培季节	春季、夏季、秋季
容器类型	中型
光照要求	喜光
栽培周期	8 个月
难易程度	★★★

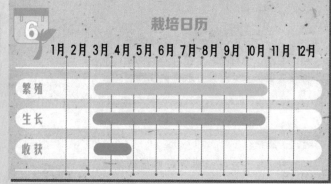

栽培日历

	1月	2月	3月	4月	5月	6月	7月	8月	9月	10月	11月	12月
繁殖												
生长												
收获												

🌼 开始栽种

 第1步

　　玫瑰可使用种苗种植，也可以直接去花卉市场或园艺店购买，选择健壮、无病虫害的种苗栽培。

健壮、无病虫害的种苗

花卉市场或园艺店购买

第2步

初冬或早春，将玫瑰种苗浅栽到容器中，覆土、浇水、遮阴，当新芽长出后即可移至阳光充足的地方。

第3步

当玫瑰的花蕾充分膨大但未开放的时候就可以采摘了，阴干或晒干后可泡花茶。

第4步

花开后需要疏剪密枝、重叠枝，进入冬季休眠期后，需剪除老枝、病枝和生长纤弱的枝条。

剪去密枝、重叠枝

第5步

盆栽种植的玫瑰通常每隔2年需要进行一次分株，分株最好选择在初冬落叶后或早春萌芽前进行。

分株

注意事项

◎浇水时注意什么?

玫瑰平时对水量的要求不高，盆土变干时浇水即可，当夏季炎热高温的天气来临，需要每天浇水。适当干旱的环境对玫瑰的生长是比较有好处的，如果浇水过多，过于潮湿的生长环境会导致其叶片发黄、脱落。所以一定要注意浇水的量。

夏季每天浇水

注意浇水的量

栀子

洁白俏丽，香气四溢

　　栀子原产于中国，常绿灌木，为重要的庭院观赏植物。栀子花表达"喜悦、永恒的爱"的含义，从冬季开始孕育花蕾，盛夏时节绽放，叶片四季常青，花朵洁白无瑕，香气四溢，是一种美好而圣洁的花卉。放在室内可以净化空气，果实还可以入药。

别　　名	白蟾、黄栀子
科　　别	茜草科
温度要求	温暖
湿度要求	湿润
适合土壤	微酸性排水性好的沙壤土
繁殖方式	播种、扦插、压条、分株
栽培季节	春季、秋季
容器类型	中型
光照要求	喜光
栽培周期	8 个月
难易程度	★★

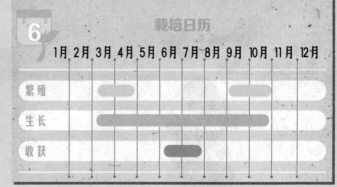

栽培日历

	1月	2月	3月	4月	5月	6月	7月	8月	9月	10月	11月	12月
繁殖			■	■					■	■		
生长			■	■	■	■	■	■	■	■		
收获							■					

开始栽种

第 步

　　栀子花常常采用扦插的方法进行繁殖，选取 2~3 年的健壮枝条，截成长 10 厘米左右的插穗，留两片顶叶，将插穗斜插入土中，然后进行浇水遮阴。

2~3 年

10厘米

82

第 **2** 步

1 个月后，将已经生根的植物移栽到偏酸性土壤中，置于阳光下养护。

偏酸性土壤

第 **3** 步

栀子花是一种喜肥的植物，生长旺季 15 天左右需追 1 次稀薄的矾肥水或含铁的液肥，开花前增施钾肥和磷肥，花谢后要减少施肥。

生长旺季　　　　开花前

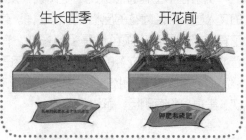

第 **4** 步

栀子花在现蕾期需追 1~2 次的稀薄磷钾肥，并保证充足光照，花谢后要及时剪断枝叶，以促使新枝萌发。

处在生长期的栀子花要进行适量的修剪，剪去顶梢，以促进新枝的萌发。

1-2 次稀薄磷钾肥

第 **5** 步

春季时要对植株进行一次修剪，剪去老枝、弱枝和乱枝，以保证株型的美观。

每年春季

注意事项

◎对阳光的特殊嗜好

栀子花很喜欢阳光的滋养，但是不能接受阳光的直射，把它放置于避免阳光曝晒的地方就可以了。

◎栀子花浇水

当栀子花的土壤出现发白的情况就是需要浇水的信号，夏季早晚都要向叶面喷水，这样可以起到降温增湿的效果。当花现蕾之后，浇水的量就要减少了，冬季更要少浇水，盆土保持偏干的状态比较适合植株生长。

菊花

娇艳夺目，品种繁多

赏菊在中国有着悠久的历史传统，太多的文人墨客都因菊花的品格而赋诗吟诵。菊花有很多的品种，颜色也是多种多样，有着"高洁、遗世独立"的品格，既可以用于观赏，也可以用来净化空气，还可以制作茶饮、美食，具有明目、解毒的功效。

别　　名	寿客、金英、黄华、陶菊
科　　别	菊科
温度要求	阴凉
湿度要求	耐旱
适合土壤	中性排水性好的肥沃土壤
繁殖方式	播种、扦插、分株、压条、嫁接
栽培季节	春季、夏季
容器类型	中型
光照要求	较喜光
栽培周期	全年
难易程度	★★

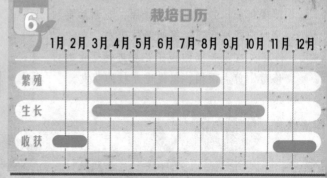

栽培日历

	1月	2月	3月	4月	5月	6月	7月	8月	9月	10月	11月	12月
繁殖												
生长												
收获												

开始栽种

第1步

剪取有 2~4 节的新枝，长度在 10 厘米左右，摘去枝条下部的叶片，插入土中，然后浇水遮阴。

10 厘米

第2步

15~20 天的时间就可以生根了，1个月后进行移栽上盆，浇透水后放到半阴处，1周后进行正常养护即可。

第3步

夏季每天早晚要各浇水 1 次，立秋后 2~3 天浇水 1 次，冬季要控制浇水量。

夏季每天早晚各浇水 1 次

立秋后 2~3 天浇水 1 次

第4步

花期前要增施 1 次磷肥和钾肥，开花期和休眠期就要停止追肥了。

花期前

磷肥和钾肥

第5步

生长期要及时剪去多余侧枝，花蕾长出后，独本菊需要选留一个最饱满的花蕾，多头菊每个分枝都要选留一个花蕾，其余要全部摘除。

留一个最饱满的花蕾

注意事项

◎不同菊花、不同对待

菊花分为很多种类，多头菊花在生长期内一般要进行 2~3 次摘心，独本菊则不需要进行摘心，根据菊花的不同品种一定要区分对待哦！

多头菊花
2~3 次摘心

独本菊株

百合

吉祥美丽，用途广泛

百合，多年生球根草本花卉，其名称出自于《神农本草经》，还有很多品种及名称。

百合花典雅多姿，常常被人们赞誉为"云裳仙子"，寓意着"百年好合"，是吉祥、喜庆的象征。

别　　名	番韭、山丹、倒仙
科　　别	百合科
温度要求	阴凉
湿度要求	湿润
适合土壤	微酸性排水性好的沙壤土
繁殖方式	播种、分小鳞茎、鳞片扦插
栽培季节	春季、秋冬季
容器类型	中型
光照要求	喜阴
栽培周期	全年
难易程度	★★

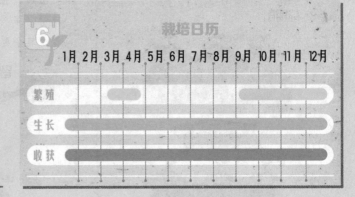

栽培日历

	1月	2月	3月	4月	5月	6月	7月	8月	9月	10月	11月	12月
繁殖												
生长												
收获												

开始栽种

第 1 步

在每年的 9~11 月，将球根外围的小鳞茎取下，将其栽入培养土中，深度约为鳞茎直径的 2~3 倍，然后浇透水。

第2步

等到第二年春季，植株就会出苗，然后进行上盆、浇水，按常规养护即可。

第二年春季

第3步

生长期需要施1次稀薄的液肥，以氮、钾为主，在花长出花蕾时，要增施1~2次磷肥。

生长期以氮、钾为主

稀薄的液肥　　　　磷肥

现蕾期增施1~2次

第4步

花在半开或全开的状态下，根据需要可以进行采收，剪枝要在早上10点之前进行。

早上10点前

第5步

花期后，要及时剪去黄叶、病叶和过密的叶片，以免养分的不必要消耗。

注意事项

◎喜湿的百合

　　虽然百合花很喜欢潮湿的生长环境，但浇水量也不要过多，能够保持土壤在潮润的状态下就可以了，无论是处在生长旺季或者是处在干旱天气的情况下都要勤浇水，向叶面喷水的方式比较好，因为这样还可以保证叶面的清洁。

◎怕冷的百合

　　百合花是一种非常不耐寒的植物，如果温度在一周内都徘徊在5℃左右的话，植株就会出现生长停滞的状况，甚至会出现推迟开花、盲花、花裂的现象，天气寒冷的时候可以将其搬到室内。

水仙

🌿 亭亭玉立，香气馥郁

　　水仙有单瓣和复瓣两种，姿容秀美，香气浓郁，自古就被人们称誉为"凌波仙子"，水仙的花语是"敬意"和"思念"，充满着深情。

　　水仙不仅可以在土壤中栽种，还可以进行水培，根茎可以入药，但是花枝有毒，养护时要注意不要误食。

别　　名	凌波仙子、金盏银台、洛神香妃、玉玲珑
科　　别	石蒜科
温度要求	阴凉
湿度要求	湿润
适合土壤	微酸性排水性好的沙壤土
繁殖方式	分株
栽培季节	春季、秋季
容器类型	大型
光照要求	喜光
栽培周期	10 个月
难易程度	★★

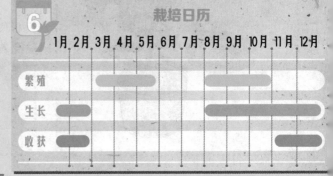

栽培日历

	1月	2月	3月	4月	5月	6月	7月	8月	9月	10月	11月	12月
繁殖			●	●	●			●	●	●		
生长	●	●				●	●	●	●	●	●	●
收获	●	●									●	●

🌸 开始栽种

第 1 步

　　初冬时节选取直径 8 厘米以上的水仙球株，最好是表面有光泽、形状扁圆、下端大而肥厚、顶芽稍宽的。

初冬时节

直径 8 厘米

第2步

洗净球体上的泥土，剥去褐色的皮膜，在阳光下晒3~4小时，然后在球的顶部划"十"字形刀口，再放入清水中浸泡24小时，然后将切口上流出的黏液洗净。

晒3~4小时

清水中浸泡24小时

第3步

将水仙球放在浅盆中，用石子固定，水加到球根下部1/3的位置，5~7天后，球根就会长出白色的须根，之后新的叶片就会长出。

5~7天后

第4步

上盆后，水仙每隔2~3天换水1次，长出花苞后，5天左右换1次水即可，鳞茎发黄的部分用牙刷蘸水轻轻刷去。

第5步

水仙开花期间，要控制好温度，并保证充足的光照，否则会造成开花不良或花朵萎蔫的现象。

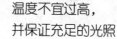

温度不宜过高，并保证充足的光照

注意事项

◎不需要施肥的花朵

水仙花在一般的情况下不需要施加任何的肥料，只有在开花期间需要施一点点磷肥，这样可以使花得开得更加浓艳。

◎水仙花生长的三大要素

温度、光照和水是水仙花生长的三大要素，这三大要素对于水仙花的生长来说至关重要，缺一不可，只有掌握好这三大要素，水仙花才会开出无比娇艳的花朵。

温度 光照 水

磷肥

羽衣甘蓝

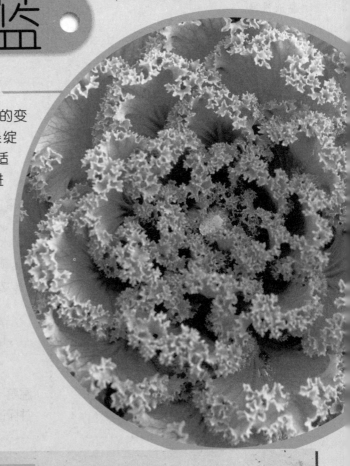

美食变种，色彩艳丽

　　羽衣甘蓝实际上是食用甘蓝的变种，叶色多姿多彩，像极了大朵绽放的鲜花，观赏性非常强，非常适合用于城市景观美化，还能够进行水培。

　　羽衣甘蓝的口味和食用性同普通的甘蓝没有任何区别，是一种真正将美食和美景相结合的植物。

别　　名	叶牡丹、牡丹菜、花包菜、绿叶甘蓝
科　　别	十字花科
温度要求	阴凉
湿度要求	湿润
适合土壤	中性的肥沃沙壤土
繁殖方式	播种
栽培季节	春季、秋季
容器类型	中型
光照要求	喜光
栽培周期	10 个月
难易程度	★★

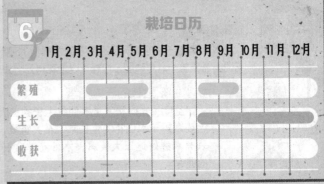

栽培日历

	1月	2月	3月	4月	5月	6月	7月	8月	9月	10月	11月	12月
繁殖												
生长												
收获												

开始栽种

第1步

羽衣甘蓝春播、秋播都可以，种子需浸泡8小时之后再播入容器之中，覆一层薄土，浇透水，5天左右就会有苗长出。

浸泡8小时以上

可春播、秋播

第2步

羽衣甘蓝喜欢湿润的环境，生长期内要保持盆土的湿润，但是注意不要积水。

保持湿润但不要积水

第3步

盆土中要加入基肥，生长期每隔10天左右进行追肥1次。

每次采收后都要追肥

10天左右追1次

第4步

栽培一年的羽衣甘蓝呈莲座状，经冬季低温和长日照的漫长生长，可在四五月份开花。

开花了

第5步

羽衣甘蓝的果实在五六月份的时候成熟，成熟后就可以采种，采收后储藏在低温干燥的地方。

采种

储藏在低温干燥的地方

注意事项

◎羽衣甘蓝易生根

羽衣甘蓝采用扦插的方式进行繁殖，生根是比较容易的，一星期的时间就可以扎根了，两星期就可以移栽上盆了。

留上3~5枝芽

◎简易插穗，变化多样

由于羽衣甘蓝具有扦插繁殖比较容易的特点，我们可以根据老茎的长相在原植株不同的部位留3~5枝芽，按照这种方式进行培育，可以生长出多头羽衣甘蓝盆花。

一星期开始扎根

两个星期就移栽上盆

◎控制喷水，防止萎蔫

喷水的方式更有利于羽衣甘蓝的生长，但喷水的次数比较灵活，可以根据天气的变化而定，在保证插穗不出现过分萎蔫的前提下，控制浇水次数比较利于植株的生长。

控制浇水次数

美食妙用

羽衣甘蓝没有任何饮食禁忌，并且营养丰富，含有大量的维生素 A、C、B_2 及多种矿物质，特别是钙、铁、钾含量很高，最适合制成沙拉或凉拌食用。

上汤羽衣甘蓝菜

材料： 羽衣甘蓝 2 棵，野生菌 100 克，皮蛋 1 个，大蒜、红椒、盐、料酒、蚝油、胡椒粉、鸡精、水淀粉、糖、醋适量。

做法：

❶ 将红椒切丝，大蒜拍扁，把野生菌和羽衣甘蓝用清水焯下捞出。❷ 油锅烧热，放入大蒜炸成金黄色，然后放入红椒、野生菌、皮蛋、甘蓝。

❸ 再加入盐、料酒、蚝油、胡椒粉、鸡精、糖、醋、水淀粉翻炒即可。

常春藤

大吉大利，富贵一生

常春藤四季常青，喜欢攀缘墙面或者廊架之上，但是也有可悬挂起来的小型品种，随着四季的更迭，常春藤叶片的颜色也会随之变换，是植物中的变色龙。可以吸附空气中的有害物质，具有净化空气的作用，全株都可以入药。

别　　名	土鼓藤、钻天风、长春藤、散骨风、枫荷梨藤
科　　别	五加科
温度要求	温暖
湿度要求	湿润
适合土壤	中性排水性好的肥沃土壤
繁殖方式	扦插、压条、播种
栽培季节	春季、夏季、秋季
容器类型	大型
光照要求	喜阴
栽培周期	全年
难易程度	★

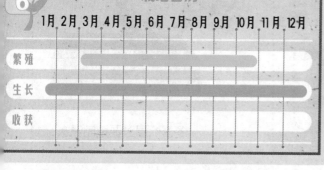

栽培日历

	1月	2月	3月	4月	5月	6月	7月	8月	9月	10月	11月	12月
繁殖												
生长												
收获												

植物妙用

常春藤被人们称为"天然氧吧"，无论放置在房间的任何一处，都可以起到净化空气的作用，但是常春藤的最大作用还是吸收尼古丁、甲醛等致癌物质。常春藤吸附空气中苯、甲醛等有害气体，而且还能有效抵制尼古丁中的致癌物质，通过叶片上的微小气孔，常春藤能吸收有害物质，并将之转化为无害的糖分与氨基酸。

吸烟区空气清新剂

材料：常春藤一株

做法：

❶ 将常春藤摆放在室内经常有人吸烟的位置。❷ 记得浇水、施肥养护以保证植物生长繁盛。

开始栽种

第1步

常春藤多采用扦插的繁殖方式，春、夏、秋三季均可进行，选取当年生的健壮枝条，剪下10厘米左右的嫩枝做插穗，插入培养土中，注意浇水遮阴。

10厘米

第2步

15天左右的时间植物即可生根，生长一个月后就可以移栽上盆，上盆后放在半阴处养护。

移栽上盆

第3步

生长期内要保持植株土壤的湿润，土壤要见干即浇水，若冬季低温则严格控制浇水。

盆土见干再浇水

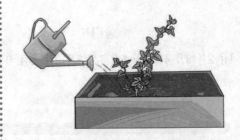

冬季低温时要控制浇水

第4步

常春藤作为一种攀缘性植物，需要搭设支架才可以生长，可通过绑扎枝蔓的方式引导藤蔓的生长方向，以保证植株的姿态优美。

繁殖力强，生命旺盛

常春藤是一种比较容易繁殖的植物，春、夏、秋三季都可以进行扦插繁殖。

第5步

生长期需追1次稀薄的复合液肥和一次叶面肥，夏季高温和秋冬低温时要停止追肥。

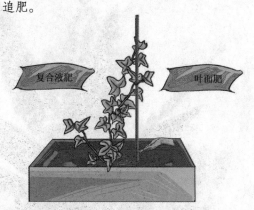

夏季高温和秋冬低温

常春藤主要种类

1. 中华常春藤：常绿攀缘藤本。9～11月开花，花小，淡绿白色，有微香。核果圆球形，橙黄色，次年4～5月成熟。分布于我国华中、华南、西南及陕、甘等省。极耐阴，也能在光照充足之处生长。中华常春藤枝蔓茂密青翠，姿态优雅，可用其气生根扎附于假山、墙垣上，让其枝叶悬垂，如同绿帘，也可种于树下，让其攀于树干上，另有一种趣味。通常用扦插或压条法繁殖，极易生根，栽培管理简易。

2. 日本常春藤：常绿藤本，原产于日本、韩国及我国台湾。性强健，半耐寒，喜稍微荫蔽的环境。光照过弱或气温高时生长衰弱。是较好的室内观叶花卉。扦插、分枝、压条均可繁殖。

3. 金心常春藤：金心常春藤是常春藤家族中的一个园艺变种，中3裂，中心部嫩黄色，观赏价值高。

4. 西洋常春藤：常绿藤本，茎长可达30米，叶长10厘米，常3～5裂，花枝的叶一般全缘。叶表深绿色，叶背淡绿色，花梗和嫩茎上有灰白色星状毛，果实黑色。

注意事项

○修剪一下更美丽

由于常春藤是一种藤蔓型植物，需要定期进行修剪，否则观赏性就会变得很差。在容器中插入一根金属丝，将其盘成圆形，然后将茎条缠绕在金属丝上，以牵引藤蔓起到修整植株形态的作用。

夏季要避免阳光直射

冬季可见全光

○夏季避光，冬季见光

在非直射的光照条件下更有利于常春藤的生长。夏季要完全避免阳光直射，冬季则可以在全光的环境中培植。

芦荟

气味清新，功能多样

　　芦荟是灌木状肉质植物，原产于非洲，全世界约有300种。芦荟的叶片丰润肥美，形状变化万千，是一种看起来非常可爱的植物，叶片中的汁液丰沛浓厚，是美容养颜的上佳选择，无论是做面膜还是食用效果都很显著。

　　芦荟还可以吸收辐射和净化空气，可以说是都市生活中的必备植物。

别　　名	卢会、油葱、象胆、奴会
科　　别	百合科
温度要求	温暖
湿度要求	耐旱
适合土壤	中性排水性好的沙壤土
繁殖方式	分株、扦插
栽培季节	春季
容器类型	中型
光照要求	喜光
栽培周期	8个月
难易程度	★★

栽培日历

6	1月	2月	3月	4月	5月	6月	7月	8月	9月	10月	11月	12月
繁殖			■	■								
生长			■	■	■	■	■	■	■	■		
收获			■	■								

开始栽种

第1步

　　芦荟以分株繁殖为主，在春季结合换盆进行。首先将植株脱盆，萌生的侧芽切下，在切口的位置涂上草木灰，晾晒24小时后就可以进行移栽了。

涂上草木灰，晾晒24小时

第2步

春秋季每5~7天浇水1次，夏季时每2~3天浇水1次，冬季低温的环境中要控制浇水量，也要注意花盆不要积水。

第3步

生长期要追1次腐熟的稀薄液肥，肥水不要浇到叶片上，如果土壤的肥力充足，也可以不进行追肥。

生长期可追
肥一次

腐熟的稀薄液肥

第4步

芦荟栽种5年才会开花，让植株充分接受光照，保持空气干燥，每隔10天追施一次磷肥，会更加有利于植株开花。

每隔10天

磷肥

第5步

盆栽芦荟一般1~2年换盆一次，以春季换盆为宜。

1~2年一次
以春季换盆为宜

芦荟最怕冷

芦荟不适合在寒冷的环境中生存，除了这个缺点，芦荟还是一种比较好养活的植物，生命力非常顽强，对水和肥的要求都不是很高。

注意事项

◎拔出来也能活

芦荟是一种非常神奇的植物，当容器中的泥土完全干燥的时候，将芦荟从花盆中拔出，用大纸袋包好收纳，到明年4月的时候再移植到新的土壤中，芦荟依旧可以成活，并能茁壮生长。

拔出来也能活

龟背竹

🍃 四季常青，挺拔大气

　　龟背竹的叶脉间有着很大的裂纹和穿孔，四季常青，叶片宽大，形状如龟甲一般，所以被称为龟背竹，有的品种叶片上还有不规则的斑纹，非常可爱。

　　龟背竹具有"健康长寿"的寓意，有着净化空气、消除污染的作用。

别　　名	蓬莱蕉、铁丝兰、龟背蕉、电线莲、透龙掌
科　　别	天南星科
温度要求	温暖
湿度要求	湿润
适合土壤	中性排水性好的肥沃土壤
繁殖方式	播种、扦插、分株、插条
栽培季节	春季、夏季、秋季
容器类型	大型
光照要求	喜阴
栽培周期	全年
难易程度	★★

栽培日历

	1月	2月	3月	4月	5月	6月	7月	8月	9月	10月	11月	12月
繁殖												
生长												
收获												

开始栽种

第 **1** 步

　　龟背竹往往采用扦插的繁殖方式。取长度20厘米左右的粗壮枝条，保留上端的小叶和气生根，将枝条插入培养土中，土壤要保持适当温度和湿度，30天左右就可以生根了。

扦插繁殖

20厘米

第 2 步

在容器中放入一半的培养士，栽入龟背竹苗，覆土以固定根部，覆至土面距离盆沿5~6厘米的时候，进行浇水，在半阴条件下养护，15天后进行第一次追肥。

5~6厘米

15 天后

第 3 步

龟背竹喜欢湿润的环境，但是不要积水，春秋两季2~3天可浇水1次，夏季的时候每天浇水1次，冬季在低温的情况下要尽量少浇水。

夏季每天浇水1次

不要积水

春、秋两季2~3天浇1次

第 4 步

龟背竹不喜欢施生肥和浓肥，生长期内要追1次稀薄的液肥。秋末可增加少量钾肥，以提高植株抗寒能力，夏季高温和秋冬低温时要停止追肥。

秋末

钾肥

夏季高温和秋冬低温

X

第 5 步

龟背竹经常受到灰斑病的侵扰，多从叶边缘伤损处开始发病，及时除虫，剪除部分病叶，可以有效防止灰斑病的发生。

灰斑病

注意事项

○保持美观

龟背竹能长得比较庞大，只有通过修剪的方式才能够保持株型的整体美观，当植株定型后，要及时剪去过密、过长的枝蔓，以保持株形的整体美观。

吊兰

美观可爱，功能多样

吊兰的枝叶纤细优美，自然下垂，四季常青，常常被人们悬挂于空中进行装饰，清风徐来，叶片随风拂动，十分美观可人。其花语是"无奈而又给人希望"。吊兰可以吸收甲醛等有毒气体，悬挂于房间非常有益于健康。全株都可以入药，具温凉止血的功效。

别　　名	桂兰、葡萄兰、钓兰
科　　别	百合科
温度要求	温暖
湿度要求	湿润
适合土壤	中性排水性好的肥沃土壤
繁殖方式	播种、扦插、分株
栽培季节	春季、夏季、秋季
容器类型	中型
光照要求	喜阴
栽培周期	8 个月
难易程度	★★

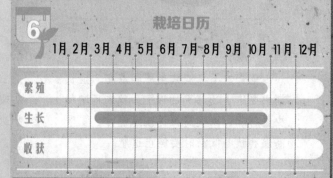

栽培日历

	1月	2月	3月	4月	5月	6月	7月	8月	9月	10月	11月	12月
繁殖												
生长												
收获												

开始栽种

 第 **1** 步

春、夏、秋三季吊兰均可以分株，将长势旺的叶丛连同下面的根一起切成数丛，上盆栽种即可。

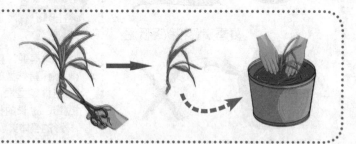

第2步

吊兰喜欢湿润的环境，春、秋两季要每天浇水1次，夏天每日早晚各浇水1次，冬季5天左右浇水1次，始终保持土壤湿润。

春、秋两季每天

夏天每日早晚

冬季每5天

第3步

吊兰在生长期每隔15天左右就要施1次稀薄的氮肥，但叶面有镶边或斑纹的品种不要施太多的氮肥，否则就会使线斑长得不明显了。

稀薄氮肥 稀薄氮肥

15天左右 | 镶边或斑纹品种不要施太多的氮肥

第4步

每周向叶面喷洒1次稀薄的磷钾肥，连喷2~3周，可以保持盆土略干，这样可以促进吊兰开花。吊兰的花期一般在春夏间，在室内种植冬季也可以开花。

每周向叶面喷洒1次稀磷钾肥

第5步

吊兰最好是两年换一次盆，春季的时候剪去多余的根须、枯根和黄叶，加入新土栽种。

两年换1次盆

注意事项

◎吊兰的修剪

吊兰需要及时修剪，枝叶上如果出现黄叶就要随时剪去，到5月的时候要将老叶剪去，这样可以促使植物萌发出更多新的枝芽。

◎肥料很重要

吊兰是一种比较喜欢肥料的植物，如果肥料不足，就会导致叶片出现变黄干枯的现象。从春末到秋初每7~10天就要施一次有机液肥，这样才能够保持叶片青翠。

绿萝

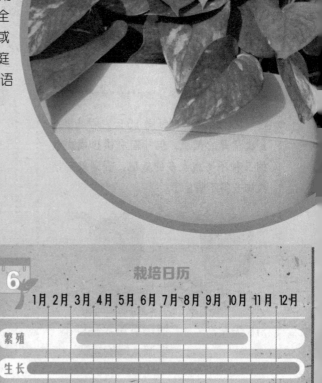

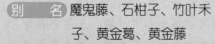 **叶片秀美，外伤常用**

绿萝四季常青，姿态优美，常常攀附支杆生长，焕发着勃勃生气。绿萝多为全身通绿，但有些品种的叶面上也有黄色或白色的斑纹，无论是家居种植还是装饰庭院，都以其优雅姿态而大受欢迎。其花语是"守望幸福"。

别　　名	魔鬼藤、石柑子、竹叶禾子、黄金葛、黄金藤
科　　别	天南星科
温度要求	温暖
湿度要求	湿润
适合土壤	中性排水性好的肥沃土壤
繁殖方式	扦插、压条
栽培季节	春季、夏季、秋季
容器类型	中型
光照要求	喜阴
栽培周期	全年
难易程度	★★

栽培日历

	1月	2月	3月	4月	5月	6月	7月	8月	9月	10月	11月	12月
繁殖			●	●	●	●	●	●	●	●		
生长	●	●	●	●	●	●	●	●	●	●	●	●
收获												

 开始栽种

绿萝主要采用扦插的方式进行繁殖，时间多是在 4~8 月间进行。剪取带有气生根的嫩枝 15~30 厘米，去掉下部的叶片，将 1/3 的枝条插入土中，浇透水后，遮阴并保持适宜的温度和湿度。

4 月至 8 月

第**2**步

经过 30 天左右的时间就可以生根了。将 3~5 棵小苗一起移栽在一个容器中，放在半阴处养护。

30 天左右生根

第**3**步

绿萝在生长期内要保持盆土湿润，夏季要经常浇水，冬季则要控制浇水量。

夏季

冬季低温时要控制浇水

第**4**步

绿萝需要攀缘支架生长，通过绑扎、牵引枝蔓的方式将植株引向支架。

要有支架支撑

第**5**步

植物在生长期内需要追施 1 次稀薄的复合液肥，秋冬季节则要施加一次叶面肥。

生长期

秋冬低温施加叶面肥

复合液肥

注意事项

◎修剪一下更漂亮

绿萝需要及时地修剪一下，修剪工作应该在春天进行，将攀附不到支杆上的茎条缠绕在支杆上面，然后用细绳固定好，如果枝条太长，要进行适当修剪。

◎需要剪根的植物

绿萝的生长需要选择大小相当的容器，在移植绿萝的时候要注意一下花盆的大小，不要选择过小的花盆，这样很不利于植株根部的呼吸，换盆时可以将生长过于繁密的根系剪掉，一个容器中也不要栽种数量过多的植株。

仙人球

 **四季常绿，环保美观**

仙人球为多年生肉质多浆草本植物，是沙漠中的王者，也是一种不需要太多关照的植物。它的茎呈球形或椭圆形，样子非常可爱，花期虽然短暂，但花朵十分娇美。仙人球可以吸收电磁辐射，甚至可以吸附尘土，净化空气，是环保清洁的小能手。

别　　名	草球、长盛球
科　　别	仙人掌科
温度要求	温暖
湿度要求	耐旱
适合土壤	中性排水性好的沙壤土
繁殖方式	扦插、嫁接
栽培季节	春季、夏季、秋季
容器类型	不限
光照要求	喜光
栽培周期	全年
难易程度	★

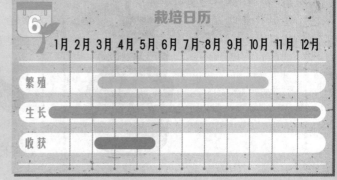

栽培日历

	1月	2月	3月	4月	5月	6月	7月	8月	9月	10月	11月	12月
繁殖												
生长												
收获												

 开始栽种

第 1 步

将母球上萌生的小球切下，晾晒 2~3 天后插入盆土中，以喷雾的方式供水。

晾晒 2~3 天

第2步

仙人球非常耐旱，春秋两季 5~7 天浇水 1 次即可，夏季 3~4 天浇水 1 次，夏季高温和冬季休眠期间，要控制浇水。

春秋两季 5~7 天浇水 1 次

夏季 3~4 天浇水 1 次

耐旱

第3步

如果培养土中的肥力充足，第一年可以不追肥，从第二年开始，生长期内需追 1 次腐熟的稀薄液肥，入秋后再追施 1 次氮肥。

稀薄液肥或复合肥　　氮肥肥料

第5步

换盆要在早春或秋季休眠前进行，剪去部分老根，晾 4~5 天，再栽入新土中，覆土，每天喷雾 2~3 次。

早春或秋季

每天喷雾 2~3 次

第4步

扦插繁殖的植株一般 2 年就可以开花了，植株以短日照的方式进行培植，就可现蕾。花蕾出现后土壤不要过干或过湿，这样有可能导致花蕾脱落。

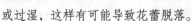

注意事项

○喷水更好

仙人球是一种比较常见的沙漠植物，因此浇水量不可以过大，否则就会导致植株出现烂根的现象，用喷水的方式养护比较好。

○仙人球爱阳光

仙人球喜欢阳光充足的生长环境，即便是阳光暴晒也没有关系，不要将植物放置在光线弱的场所，保证植物能在全日照的环境中生长是最好的。

石莲花

厚实多肉，永不凋谢

石莲花的叶片丰润甜美，肉肉的植物叶片交错重叠，犹如一朵盛开的莲花宝座，四季绽放，被人们称为"永不凋谢的花朵"。

石莲花整株都可以入药，也具有很好的净化空气的作用，还非常容易养护，是一种懒人植物。

别　　名	宝石花、石莲掌、莲花掌
科　　别	景天科
温度要求	温暖
湿度要求	耐旱
适合土壤	中性排水性好的沙壤土
繁殖方式	分株、扦插
栽培季节	春季、秋季
容器类型	不限
光照要求	喜光
栽培周期	全年
难易程度	★★

栽培日历

	1月	2月	3月	4月	5月	6月	7月	8月	9月	10月	11月	12月
繁殖			▬	▬				▬	▬			
生长	▬	▬	▬	▬	▬	▬	▬	▬	▬	▬	▬	▬
收获			▬	▬	▬							

开始栽种

第1步

将粗壮的叶片平铺在潮润的土面，叶面朝上，不覆土，放在半阴处，7~10天就可以长出小叶丛和浅根了。当根长到2~3厘米长的时候，带土进行移栽上盆。

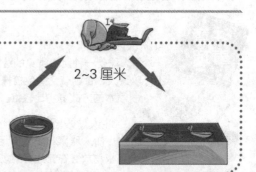

2~3 厘米

第**2**步

为避免盆土积水，采取见干再浇水的方式进行浇水。冬季控制浇水，常下雨的时候要将其搬入室内，以免受涝。

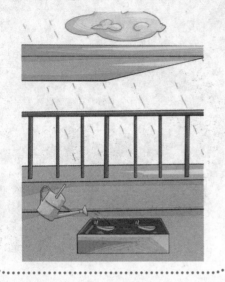

第**3**步

生长期可追加 1 次腐熟的稀薄液肥或复合肥，以氮肥为主，注意肥水不要溅到叶片上。如果培养土的肥力充足，可以不追肥。

稀薄液肥或复合肥

第**4**步

石莲花开花前喜欢充足的阳光，光照越充足就越容易开花。

喜光

注意事项

◎叶片为什么长得快

石莲花的最大特点就是叶片肥厚，肉肉的样子非常可爱，但是如果分枝生长得过快，叶片就会变薄，造成这种现象的最主要原因就是肥料施加过多，所以一定要控制好施肥的量。

叶片变薄

◎修剪叶子，保持美观

石莲花植株生长得虽然规则，但是处于下边的枝叶还是非常容易出现枯萎变黄的现象，生长期内要对植株进行一次修剪，并及时清理枯叶，保持株形美观，也有利于病虫害的防治。

修剪叶子

◎剪根可以促进生长

石莲花一般选择在春季或者是秋季换一次盆，每 1~2 年换盆一次就可以了。将植株连土一起脱盆，并剪去烂根和过长的根系，这样可以促进新根的生长。

1~2 年可在春季或秋季换盆

文竹

🌿 气度高洁，有益健康

文竹的名字和植物本身大相径庭，文竹事实上并不是竹子，但因为其身姿潇洒，常常让人们想到竹子的品格，所以被人们称为"文竹"。文竹的生长期一般为4~5年，一般在每年的9、10月开花结果。

文竹的花语是"永恒不变"。

别　　名	云片松、刺天冬、云竹
科　　别	百合科
温度要求	温暖
湿度要求	湿润
适合土壤	微酸性排水性好的沙壤土
繁殖方式	播种、嫁接
栽培季节	春季
容器类型	中型
光照要求	喜阴
栽培周期	全年
难易程度	★★

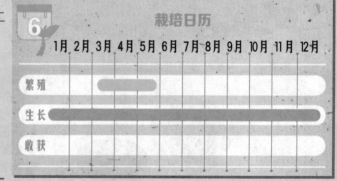

栽培日历

	1月	2月	3月	4月	5月	6月	7月	8月	9月	10月	11月	12月
繁殖			▬	▬	▬							
生长	▬	▬	▬	▬	▬	▬	▬	▬	▬	▬	▬	▬
收获												

🌸 开始栽种

第 1 步

将种子播入浅盆中，覆上一层薄土后浇水即可，发芽前保持土壤的湿润，30天左右就可以出芽了。当长到3~4厘米的时候要进行换盆，之后放在阴凉通风处来养护。

3~4 厘米

第2步

文竹浇水不宜过多，土壤见干再进行浇水，夏季早晚各浇水 1 次，叶面要经常喷水，除去灰尘，保持洁净。

夏季早晚各浇水 1 次

第3步

春秋两季每隔 20 天左右进行 1 次追肥，用淘米水或豆浆浇灌也可。

每隔 20 天追肥一次

肥液

第4步

文竹生长得非常快，生长期内要及时修剪枯枝、老枝和横生的枝条，保证株型的美观。

及时修剪

第5步

文竹在每两年的春季换盆 1 次即可。

换盆

注意事项

◎文竹会开花

培植 4 年以上的文竹是能够开花的，当种植满 4 年的时候，在春夏季节每月施肥 1~2 次，选择氮磷钾复合的薄肥，等到秋季的时候植株就可以开出白色的小花。

春夏季节每月施肥 1~2 次

秋季开花

◎文竹的果子

文竹的浆果一般在冬季成熟，果实的颜色是紫黑色，采收后去皮，种子的储藏要保持通风干燥，在干燥储藏之前要进行清洗。

第三章

观果花卉

量天尺

🌿 花色鲜艳，植株挺拔

　　量天尺的植株比较大，有着菱形的叶片，植株肥厚多汁，花朵硕大，香气四溢。

　　量天尺常常是攀附于支杆生长，具有非常强的观赏性，果实就是我们经常吃到的火龙果，花、茎还具有药用价值。

别　　名	霸王花、假昙花、七星剑花、龙骨花、霸王鞭
科　　别	仙人掌科
温度要求	温暖
湿度要求	耐旱
适合土壤	中性排水性好的沙壤土
繁殖方式	扦插
栽培季节	春季、秋季
容器类型	大型
光照要求	喜阴
栽培周期	8 个月
难易程度	★★

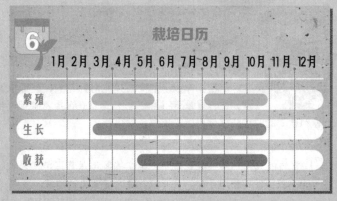

栽培日历

	1月	2月	3月	4月	5月	6月	7月	8月	9月	10月	11月	12月
繁殖			■	■	■			■	■	■		
生长			■	■	■	■	■	■	■	■		
收获					■	■	■	■	■	■		

开始栽种

第1步

量天尺比较喜欢排水性好的土壤，将腐殖土、园土、沙土混合起来的培养土比较适合量天尺的生长。要选择颗粒比较细的培养土，也可以用市售的播种土代替。

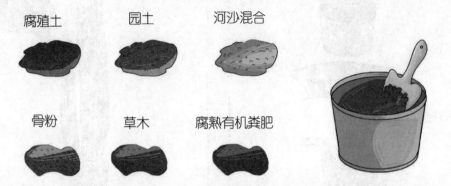

腐殖土　　　园土　　　河沙混合

骨粉　　　草木　　　腐熟有机粪肥

第2步

选取粗壮的量天尺茎，截成15厘米的小段，剪下后放在阴凉处晾2~3天，插入土中，30天就可以生根了，等根长到3~4厘米的时候就可以上盆移栽。

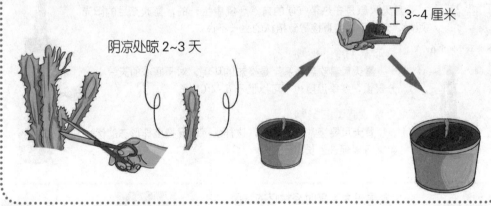

阴凉处晾2~3天

3~4 厘米

第3步

量天尺比较耐旱，春秋两季10天浇水1次即可，夏季浇水要勤一些。

春秋两季 10 天左右

夏季浇水要勤

第4步

　　生长期内需追1次腐熟的稀薄液肥或复合肥，入秋后再追1次肥。

生长期内需追肥1次

稀薄液肥或复合肥

入秋后再追1次肥

第5步

　　量天尺只有在植株高3~4米的情况下，才能够孕蓄花蕾。

高3~4米时

注意事项

◎保证充足的阳光
　　量天尺原是在热带气候的自然环境中生长的，喜欢充足的阳光照射，光照不足会直接导致植株的生长不良。

温度不可低于6~7℃。

◎非常怕冷的植物
　　量天尺喜欢温暖甚至是炎热的环境，对于寒冷的天气十分畏惧，冬季温度也不可以低于6~7℃。

◎喜欢修剪的植物
　　量天尺要经常进行修剪，这样既可以保持植株形态的优美又可以促进生长。

美食妙用

　　火龙果是大家平时经常吃的水果，它实际上就是量天尺的果实。火龙果有预防便秘、保护眼睛、美白皮肤的作用，还有解除重金属中毒的功效。

火龙果酸奶昔

材料：火龙果1个，酸奶100克，冰淇淋2勺。

做法：
❶将火龙果去皮，切成小块，放入榨汁机中，再放入酸奶榨30秒。
❷将纯奶冰激凌倒入火龙果酸奶汁中搅拌均匀即可。

金橘

鲜亮夺目，果香四溢

金橘的果实金黄夺目，具有浓郁的果香，虽然植株的挂果时间并不是很长，但是株型优美，花朵洁白，观赏性也非常的强。金橘有着非常吉祥的寓意，很多家庭都在阳台、庭院里种植金橘，以金橘制成的菜肴更是美味可口。

别　　名	洋奶橘、牛奶橘、金枣、金弹、金丹、金柑
科　　别	芸香科
温度要求	温暖
湿度要求	湿润
适合土壤	微酸性排水性好的肥沃土壤
繁殖方式	嫁接
栽培季节	春季
容器类型	大型
光照要求	喜光
栽培周期	全年
难易程度	★★

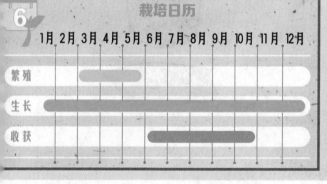

栽培日历

	1月 2月 3月 4月 5月 6月 7月 8月 9月 10月 11月 12月
繁殖	
生长	
收获	

开始栽种

第1步

将金橘苗带土球上盆，浇透水后放置在半阴的环境中10天左右即可，然后再搬移到阳光明媚的地方培植。

半阴环境放置10天左右

第2步

生长期要保持土壤湿润，干燥时向叶面喷水，开花后期和结果初期都不可以浇水过多。

叶面喷水

不同时期浇水量不同

第3步

金橘喜肥，生长期需施加 1 次稀薄的液肥，花期前要追施 1~2 次的磷钾肥。

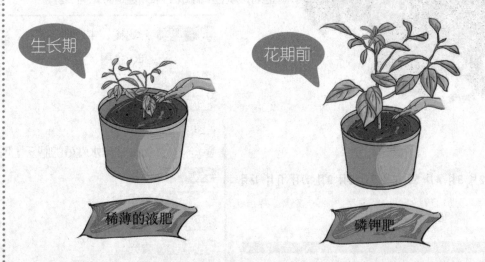

生长期

花期前

稀薄的液肥

磷钾肥

如何使盆栽金橘多结果？

要种好金橘，使其硕果累累，须掌握好以下关键环节：

（1）合理修剪。开春后，气温上升，金橘生长较快，必须进行修剪，促使每个主枝多发健壮春梢，为开花打下物质基础。为防止其过于旺长，两个月后还须进行第二次修剪，以剪梢为主。以后新梢每有 8~10 片叶时就要摘心一次，其目的是诱发大量夏梢，以期多开花结果。

（2）合理施肥和"扣水"。在第一次修剪后，要施一次腐熟的有机肥料（如人粪尿、绿肥、豆饼、鱼肥等），其后每 10 天再补施一次。当新梢发齐，摘心后，要追施速效磷肥（磷酸二氢钾、过磷酸钙），以此来促进花芽形成。"扣水"，则能促进花芽分化，是指金橘在处暑前十余天，要逐渐减少浇水量，以利于形成花芽。

（3）保花、保果和促黄。盆栽金橘常会产生落花落果现象，为此，应做好果期管理控制工作。开花前后，应在午前、傍晚对叶面喷水降温。如发现抽生新梢要及时摘除。开花时应适当疏花，节省养分。当幼果长到 1 厘米大小时，还要进行疏果，一般每枝留 2~3 个果为宜，并使全株果实分布均匀。

第4步

春季生长较快，要及时剪枝，促使主枝多发春梢。当新枝长到 20 厘米左右的时候要进行摘心，剪去顶梢的枝叶，以促使花枝分化，多发夏梢，使开花结果量提高。

摘心

第5步

在花蕾孕育期间要及时除芽，每个分枝只要保留 3~8 个花蕾即可，摘除其他花蕾以保证肥力。

及时除芽

注意事项

早春和夏季剪枝

◎适时剪枝

剪枝对金橘很重要，早春和夏季时及时剪去病枝、弱枝以及过长、过密的枝条，可以让金橘免受病虫害的侵扰，并保证株型的美观。

适当疏果

◎为什么要疏果

如果金橘长了过多的果实，我们可以根据植株的具体情况进行疏果，将长势一般的果子剪去，以保证长势好的果实继续生长。剪下的果实也是可以食用的，不要扔掉。

黑沙土　黄沙土

◎金橘喜肥

金橘喜欢在肥水充足的环境中生长，在种植之前首先要选择保水性和保肥力都比较好的土壤，土层较深厚的黑沙土是不错的选择，它更能促进金橘根系的发育，只要在种植中注意浇水施肥即可。

美食妙用

金橘可以减缓血管硬化，对高血压、血管硬化及冠心病患者的身体是非常有益的。还能够化痰、醒酒，增强机体的抗寒能力，防治感冒。

糖渍金橘

材料：新鲜金橘 500 克、白砂糖 20 克、冰糖 20 克。

做法：

❶ 将金橘洗净沥干，在金橘上用刀均匀划 5~6 刀，然后捏扁，用牙签将橘核挑掉。❷ 在金橘上撒上白糖，入冰箱冷藏腌制两天。❸ 将金橘取出，倒入锅中，加入适量水，再加入冰糖。开小火煮至金橘变软、汤汁黏稠即可。

珊瑚樱

果实浑圆，玲珑可爱

珊瑚樱有着小巧的果实，果色在不同的季节会有不同的变化，挂果的时间非常长，因而色彩斑斓绚丽，是一种非常可爱的观赏性植物。

珊瑚樱的根可以入药，但是全株和果实都是有毒的，不可以食用。

别　　名	冬珊瑚、红珊瑚、龙葵、四季果、看果
科　　别	茄科
温度要求	温暖
湿度要求	湿润
适合土壤	中性排水性好的肥沃土壤
繁殖方式	播种、扦插
栽培季节	春季、夏季、秋季
容器类型	中型
光照要求	喜光
栽培周期	全年
难易程度	★★

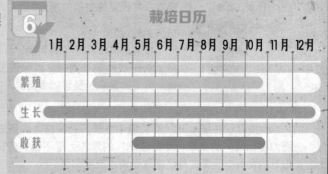

栽培日历

6	1月	2月	3月	4月	5月	6月	7月	8月	9月	10月	11月	12月
繁殖			■	■	■	■	■	■	■	■		
生长	■	■	■	■	■	■	■	■	■	■	■	■
收获						■	■	■	■	■		

开始栽种

第1步

在培养土中撒种后，覆一层薄土，发芽前都要保持土壤湿润，大约需要10天的时间就可以发芽了。

10天左右便可出芽

第**2**步

当幼苗长到5~7厘米高的时候可以进行上盆移栽。

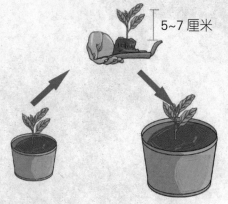

5~7 厘米

第**3**步

珊瑚樱不喜欢积水潮湿的环境，生长期内保持土壤湿润即可，开花期要少浇水。

X 开花期少浇水

第**4**步

生长期内要施1次稀薄的复合液肥，开花前再施加一些磷钾肥。

生长期　开花前

稀薄的复合液肥　磷钾肥

第**5**步

珊瑚樱播种半年就可以开花结果了。保证充足的光照和适宜温度，并追施磷、钾液肥，会延长挂果时间。

半年挂果

施磷、钾液肥

注意事项

◎珊瑚樱摘心

　　珊瑚樱处在生长期要进行多次摘心，以促进侧芽的生长，这样也可以使株型变得更加美观，增加结果量。

◎果实不红是怎么回事？

　　珊瑚樱挂果的时间比较长，果实如果长时间都不变红，就要减少浇水量，保持土壤干燥，这样可以有效地促进果实成熟。

石榴

果实甜美，栽培简易

石榴是我们经常吃的一种水果，果肉甜美多汁，含有丰富的维生素C，营养价值约是苹果、梨等常吃水果的1~2倍。石榴不仅仅具有食用价值，还是一种非常可爱的观赏植物，花朵美丽，还具有杀虫、止泻的功效。

别　　名	安石榴、若榴、丹若、金罂、金庞
科　　别	石榴科
温度要求	温暖
湿度要求	湿润
适合土壤	酸性排水性好的肥沃土壤
繁殖方式	扦插、分株、压条
栽培季节	春季
容器类型	大型
光照要求	喜光
栽培周期	7个月
难易程度	★★★

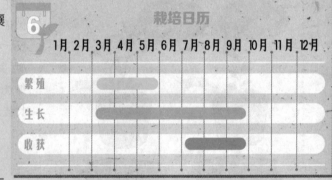

栽培日历

	1月	2月	3月	4月	5月	6月	7月	8月	9月	10月	11月	12月
繁殖												
生长												
收获												

开始栽种

第1步

盆栽选用腐叶土、园土和河沙混合的培养土，并加入适量腐熟的有机肥。栽植时要带土团，地上部分适当短截修剪，栽后浇透水，放背阴处养护，待发芽成活后移至通风、阳光充足的地方。

腐叶土　　园土

河沙　腐熟的有机肥

第**2**步

生长期要求全日照，并且光照越充足，花越多越鲜艳。背风、向阳、干燥的环境有利于花芽形成和开花。光照不足时，会只长叶不开花，影响观赏效果。

第**3**步

石榴耐旱，喜干燥的环境，浇水应掌握"干透浇透"的原则，使盆土保持"见干见湿、宁干不湿"。在开花结果期，不能浇水过多，盆土不能过湿，否则枝条徒长，会导致落花、落果、裂果现象的发生。

开花结果
期不能浇
水过多

干透浇透

第**4**步

盆栽石榴应按"薄肥勤施"的原则，生长旺盛期每周施1次稀肥水。长期追施磷钾肥可保花保果。

生长旺盛期每周
施1次　　　　　长期追施

稀肥水　　　磷钾肥

第**5**步

由于石榴枝条细密杂乱，因此需通过修剪来达到株形美观的效果。夏季及时摘心，疏花疏果，达到通风透光、株形优美、花繁叶茂、硕果累累的效果。石榴结果是很频繁的，当果皮由绿变黄的时候果实就成熟了。

果皮由绿变黄

观赏辣椒

色彩绚丽，品种多样

观赏辣椒的品种很多，无论是果实形状还是颜色都十分丰富，果实在生长的过程中也有很多变化。观赏辣椒的挂果时间长，观赏性非常强，可以盆栽，部分品种还可以食用。

别　　名	朝天椒、五色椒、佛手椒、樱桃椒
科　　别	茄科
温度要求	温暖
湿度要求	湿润
适合土壤	中性排水性好的肥沃土壤
繁殖方式	播种
栽培季节	春季、秋季
容器类型	中型
光照要求	喜光
栽培周期	8个月
难易程度	★★★

栽培日历

	1月	2月	3月	4月	5月	6月	7月	8月	9月	10月	11月	12月
繁殖			▬	▬	▬				▬	▬		
生长			▬	▬	▬	▬	▬	▬	▬	▬		
收获								▬	▬	▬		

开始栽种

第1步

首先用50℃的水浸种15分钟，再放入清水中浸3~4小时，捞出时用湿布包好，放在25~30℃的环境中催芽，种子露白就可以播种了。

用50℃的温水浸种15分钟，再放入清水中浸3~4小时

放在25~30℃的环境中催芽

第2步

播种后覆薄土，15 天左右就可以出芽。

15 天左右的时间便可以出芽

第3步

当植株长出 6~8 片叶子的时候，要进行移栽上盆，放在半阴处养护 7~10 天。

6~8 片叶子

半阴处 7~10 天

第4步

生长期内要保持土壤的湿润，但是也不可以积水，春秋两季每 3 天浇水 1 次，夏季每天浇水 1 次，结果初期要少浇水。

不可积水

春秋两季 3 天左右浇水 1 次，夏季 1 天浇水 1 次

结果时控制湿度

观赏辣椒在结果期间，空气和土壤的湿度都不要过高，如果结果量大，要及时进行疏果，这样可以使养分的供应更加集中。

第5步

生长期施 1 次稀薄的复合液肥，结果初期要增加磷钾肥的用量，夏季高温的情况下要停止追肥。

结果初期要增施磷钾肥

夏季高温停止追肥

注意事项

◎开花的温度控制

观赏辣椒在开花的时候要将周围环境的温度控制在 15~30℃，否则就会导致植株授粉不良，无法结果。

温度控制在 15~30℃

百香果

鲜亮夺目，果香浓郁

　　百香果原本是热带植物，因为阳台有很好的保温性，因此在阳台上也是可以种植的。成熟的百香果呈紫红色，色彩鲜艳夺目，果香浓郁芬芳，就是我们平时吃的西番莲。百香果的株型非常优美，也是一种观赏性很强的植物。

别　　名	鸡蛋果、受难果、巴西果、藤桃
科　　别	西番莲科
温度要求	温暖
湿度要求	湿润
适合土壤	中性排水性好的肥沃土壤
繁殖方式	播种、扦插、压条
栽培季节	春季、夏季、秋季
容器类型	大型
光照要求	喜光
栽培周期	8个月
难易程度	★★

栽培日历

6	1月	2月	3月	4月	5月	6月	7月	8月	9月	10月	11月	12月
繁殖												
生长												
收获												

开始栽种

第1步

　　百香果以扦插为主要的繁殖方式，选取健壮、成熟的枝条，留有2~3个节和1~2片叶子，将枝条插入培养土中，生根后再进行移栽上盆。

第2步

生长期内要保持土壤湿润，春秋两季每2~3天需要浇水1次，夏季每1~2天浇水1次，冬季低温的时候要控制浇水量。

第3步

生长期每10天左右要施1次稀薄的复合液肥，结果初期，要适量增加磷肥的用量，冬季要停止追肥。

10天左右

复合液肥

第4步

百香果是攀缘性植物，要搭设棚架，牵引藤蔓生长。

搭设棚架

第5步

春季种植的植株，到了7月就可以开花了，长日照的环境更加有利于植物开花。

当年的7月便可开花

注意事项

◎为促进生长要及时摘心

百香果在生长期需要进行多次摘心，这样可以有效促进枝芽的生长，通常当主蔓长到1米高的时候，就要剪除顶芽，以促发侧蔓的生长。当侧蔓长至1~2米的时候，可以进行再次摘心。

◎修剪枝叶

夏季时对植株要进行修剪，剪去过密和拖垂的枝条，以利于植株整体的通风、透光，避免病虫害的发生。

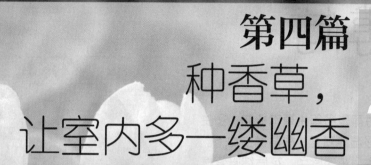

第四篇
种香草，
让室内多一缕幽香

4

种植香草是近年来兴起的新鲜事，一些香草在原先我们看来就是路边丛生的一些杂草，但看起来不起眼的香草往往都有着很大的功效，功能多样到让你惊叹。当然香草中也不乏摇曳多姿的"美人"，但是这种"美人"可不仅仅是个花瓶，它可是有着各种神奇的作用。

种植香草可以说是为你的生活找到了一个得力的助手，它可以解决很多你烦恼已久的事情，可以净化空气、治疗疾病、美容养颜、制作美食，那阵阵的芳香更是让人着迷。现在绿色生活的观念已经深入人心，绿色消费、绿色出行、绿色居住逐渐成为潮流，越来越多的人奉行自然、环保、节俭、健康的生活方式，而种植香草就是实现绿色生活的最好方式，在淡雅的清香中，你会感觉到生活因香草的到来而发生的改变，发现生活原来可以如此惬意。

薄荷

翠绿清新，愉悦身心

　　薄荷是多年生草本植物，多生于山野湿地河旁，根茎横生地下。叶对生，花淡紫色，花后结暗紫棕色的小粒果。

　　薄荷有着非常清新的气味，能够促进血液循环，舒缓紧张的情绪，使人的心情愉悦。薄荷还具有清热明目、消炎止痛的功效，是一种比较常见的香草。薄荷叶色翠绿，株型也非常可爱。

别　　名	夜息香
科　　别	唇形科
温度要求	温暖
湿度要求	湿润
适合土壤	中性排水性好的沙壤土
繁殖方式	播种
栽培季节	春季、夏季
容器类型	中型
光照要求	喜光
栽培周期	8 个月
难易程度	★★

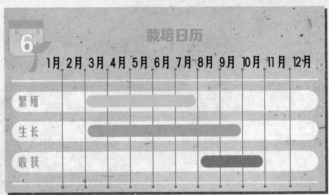

栽培日历

	1月	2月	3月	4月	5月	6月	7月	8月	9月	10月	11月	12月
繁殖												
生长												
收获												

开始栽种

第1步

薄荷的种子细小，出芽率比较低，因此在播种前需要松土。在容器上覆盖上一层保鲜膜，并在上面扎出几个小孔，并将其置于光照充足的地方。

园土　腐熟有机肥　粗砂

第2步

种子发芽后要揭去保鲜膜。如果幼苗拥挤，要进行适当间苗。每2~3天浇水一次，浇水要浇透，且不要直接浇到叶子上，以免发生病害。

浇透水

浇水时需要注意的

因为薄荷的种子非常细小，需将种子均匀撒播在培养土上。浇水要选择用喷壶喷水的方式，以免种子被水流冲走。

第3步

过期的牛奶、乳酸菌饮料和淘米水对于薄荷来说是非常好的肥料，可每隔15~20天施一次稀薄的有机肥。

淘米水

牛奶

乳酸菌

废物利用

有机肥

第4步

当植株的高度超过25厘米高的时候，需要对植物进行摘心，摘掉植株最顶端的叶尖部分，以促进侧枝的生长。摘下的茎叶是可以食用的，可以用来泡茶或做成美食。

25厘米

及时摘心

第5步

薄荷通常是在7~8月的时候开花，此时需要充分的阳光照射，但是浇水量不要过多。薄荷自花授粉往往是不结果实的，往往需要异花授粉才能够结实。开花后20天种子就可以成熟了。

需要异花授粉

不宜浇水过多

薄荷的生长习性

薄荷适应性很强，喜温和湿润环境，地上部能耐30℃以上温度，适宜生长温度为20～30℃，根比较耐寒，-30℃仍能越冬。生长初期和中期需要雨量充沛，现蕾期、花期需要阳光充足，光照不足、连续阴雨天会导致薄荷油和薄荷脑含量低。栽培薄荷的土壤以疏松肥沃、排水良好的沙质土为好。

薄荷根入地30厘米深，多数集中在15厘米左右土层中。薄荷7月下旬至8月上旬开花，现蕾至开花10～15天，开花至种子成熟20天。

注意事项

◎水对于薄荷的重要性

水分对薄荷的生长发育有很大影响，植株在生长初期和中期需要大量的水分，按时按量地给薄荷浇水可以使薄荷生长得更好，因此千万不要忘记给植物浇水哦！

◎怎么让植物长得更芳香更茂盛

接受充足的光照可以使薄荷的香气变得更加浓郁，而剪枝则可以使植物长得更加茂盛。对薄荷经常修剪，并保持足够的光照，会使薄荷生长得更好。

美食妙用

薄荷有很多神奇的功效，可用于烹茶、煮粥、调味、泡澡，使用的方法也很多样。薄荷清新冰凉，是一种既美味又营养的食材。

薄荷柠檬茶

材料：薄荷5片，柠檬半个，红茶1包，冰糖适量。

做法：

❶将薄荷洗净沥干，柠檬洗净切片备用。❷将红茶、薄荷叶、柠檬片放入杯中加热水浸泡10分钟。❸加入适量冰糖即可。

细香葱

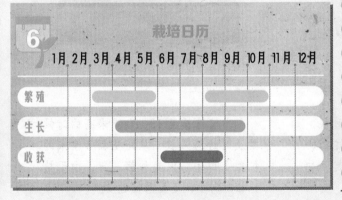

清热解毒、促进消化

细香葱的样子和小葱非常相似，富含胡萝卜素和钙质，具有清热解毒、促进消化、温暖身体的作用，对于头痛、风寒感冒、阴寒腹痛等症状也有一定的效用，可以当蔬菜食用。

别　　名	冻葱、冬葱、绵葱、四季葱、香葱
科　　别	百合科
温度要求	阴凉
湿度要求	湿润
适合土壤	中性排水性好的沙壤土
繁殖方式	播种、分株
栽培季节	春季、秋季
容器类型	中型
光照要求	喜光
栽培周期	8 个月
难易程度	★★

栽培日历

6	1月	2月	3月	4月	5月	6月	7月	8月	9月	10月	11月	12月
繁殖			▬	▬	▬			▬	▬			
生长				▬	▬	▬	▬	▬	▬	▬	▬	
收获						▬	▬	▬				

美食妙用

细香葱的花、叶皆可以入菜，作为沙拉、炒饭、汤羹、料理的调味料，风味独特。种植细香葱还可以有效驱走小花园中的蚜虫。

细香葱欧芹米粉

材料： 鲜米粉 250 克，胡萝卜半根，欧芹、细香葱少许，橄榄油、盐适量。

做法：

❶ 将胡萝卜去皮洗净切片，细香葱洗净切成小段，欧芹洗净切成小朵。❷ 在锅中加入适量水、橄榄油，放入米粉煮至七分熟，再加入胡萝卜、欧芹、细香葱，再加入盐，煮熟后即可。

开始栽种

第1步

细香葱以播种或分株的方式进行栽培。播种时，将种子直接播撒在土中，覆土要薄,用喷壶喷水以保持土壤湿润。

分株

播种

第2步

播种 7 天左右的时间，细香葱就会发芽了。出芽后的植株要放在阳光下面接受照射。

7 天后

第3步

当小苗长出 3~4 片叶子的时候，就可以进行定植了。选择生长健壮的小苗定植，每 2~3 株种植在一起，种植深度为 3~4 厘米为最佳。

种植深度 3~4 厘米

定植

第4步

当植株长至 15~20 厘米高的时候要及时进行采收，从距土面 3 厘米的位置上剪下。但栽种第一年，由于植株相对弱小，不要采收过多。

15~20 厘米

3 厘米

第5步

细香葱每隔2~3年就要进行一次分株，以免植株长得太过茂密。将丛生的植株挖出，修剪根须后，将株丛瓣开后再分别种下。

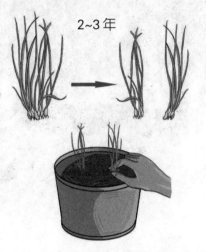

2~3年

可爱的细香葱

细香葱是多年生草本植物，属于百合科家族，是和洋葱关系密切的一种植物，我国各地都有栽植。细香葱高30~40厘米，鳞茎聚生，外皮红褐色、紫红色、黄红色至黄白色，膜质或薄革质，不破裂。叶为中空的圆筒状，向先端渐尖，深绿色，常略带白粉。栽培条件下不抽薹开花，用鳞茎分株繁殖。但在野生条件下是能够开花结实的。

人们种植细香葱用它的空心的草状的叶子调味。细香葱的花朵是玫瑰紫色的，成簇开放。家用的细香葱可以种植在花园里或是小花盆里。柔软幼嫩的细香葱叶被用来做沙拉、干酪混合料、汤、摊鸡蛋等其他诸如此类的菜肴。如果细香葱植株是健康的，被取用的叶子会被新叶所代替。

注意事项

◎风、水、肥缺一不可

通风、浇水、施肥是细香葱茁壮生长的前提因素，将细香葱放置在通风情况比较好的环境中，浇水要结合追加稀释肥料进行，这样更有利于植株的生长。

稀释肥料

第二年才会开花

◎开花有点慢

细香葱一般都是通过播种的方式进行繁殖的，在种植第一年往往是不会开花的，第二年即便开花，花期也并不长。

种子繁殖

◎浅浅的根

细香葱的根系非常浅，浓肥和干旱都会导致细香葱生长出现变异甚至死亡，少而勤地进行浇水更有利于细香葱的生长。

茴香

口味独特，药食兼可

茴香是我们经常吃的一种蔬菜，也是一种适合家庭种植的香草。茴香适合生长在光线充足、排水性较好的环境之中，但是茴香的根系非常脆弱，尽量不要进行移栽，否则非常容易造成植株死亡。茴香的根部的口感非常好，与生菜一起做成沙拉非常美味哦！

别 名	怀香、香丝菜
科 别	伞形科
温度要求	阴凉
湿度要求	耐旱
适合土壤	中性排水性好的沙壤土
繁殖方式	播种
栽培季节	春季、夏季、秋季
容器类型	中型
光照要求	喜光
栽培周期	全年
难易程度	★★

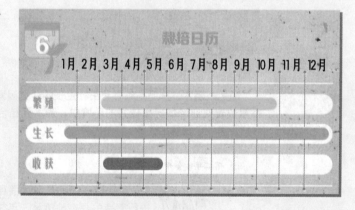

栽培日历

	1月	2月	3月	4月	5月	6月	7月	8月	9月	10月	11月	12月
繁殖												
生长												
收获												

开始栽种

第1步

茴香种子的破土能力比较弱，播种前要将土翻松整碎，并且要在培养土中加入足够的肥料。

基肥

播种前要翻土

第2步

将整平的土壤浇透水后，把籽粒饱满的种子均匀撒播在土中，覆土0.5~1厘米，用喷壶喷水，并保持土壤湿润。

0.5~1厘米

细孔喷壶

第3步

当幼苗长出后，为将株间距控制在4厘米左右，要进行间苗。当温度高于25℃的时候，要加强通风。

通风

4厘米

第4步

当植株长到10厘米左右高的时候，要结合浇水进行追肥，以氮肥为主。进入花期后，需增加磷钾肥的比例。

10厘米

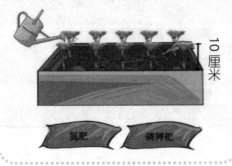

氮肥　　磷钾肥

第5步

茴香在长日照和高温的环境中才会开花结果。当种子由绿色变为黄绿色的时候就可以收获了。

注意事项

◎开花不要太早

　　生长环境温度过高会导致茴香过早开花，但是茴香开花过早并不利于植株的生长，因此要适当进行遮阳降温，这样才能让植株生长得更健康。

◎怎么分株

　　茴香是多年生植物，分株繁殖的时间比较晚，一般3~4年才会分株，并在当年果实收获后进行，分株的方式是在采收果实后，将植株挖出，分成数丛再重新下种。

鼠尾草

🌿 气味清新，健康自然

鼠尾草是一种常绿小型亚灌木，有木质茎，叶子灰绿色，花蓝色至紫蓝色，原产于欧洲南部与地中海沿岸地区。鼠尾草的花语是"家庭观念"。鼠尾草中含有丰富的雌性激素，对女性的生理健康能够起到有效的保护作用，气味清新自然，对舒缓情绪也能够起到很好的作用。用鼠尾草入药还可以改善头痛、偏头痛。

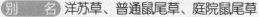

别　　名	洋苏草、普通鼠尾草、庭院鼠尾草
科　　别	唇形科
温度要求	温暖
湿度要求	耐旱
适合土壤	弱碱性排水性好的沙壤土
繁殖方式	播种、扦插
栽培季节	春季、夏季
容器类型	中型
光照要求	喜光
栽培周期	8个月
难易程度	★★★

栽培日历

	1月	2月	3月	4月	5月	6月	7月	8月	9月	10月	11月	12月
繁殖												
生长												
收获												

🌸 开始栽种

第1步

鼠尾草既可以播种，也可以进行扦插繁殖。播种前需要用40℃左右的温水浸种24小时。

40℃左右的温水浸种

第2步

　　种子发芽的过程中要保持土壤湿润，保持充足的光照，加强通风。

第3步

　　当植株长出2~3片叶子时，就可以进行移栽了，移栽前要准备好疏松、透气性好、肥力足的土壤，植株定植后要进行浇水。

有机肥

第4步

　　当植株长出4对叶子的时候，进行摘心，保留2对叶子，这样可以有效地促进侧芽的萌发。

适时摘心

鼠尾草显苞时不修剪

　　植株在出现花苞的情况之下不要进行修剪，以免伤及花苞，当第一轮花开结束后最适合修剪花枝，此时可将植物的枯枝、弱枝剪除并补充肥料。

第5步

　　鼠尾草的嫩叶可以随时进行采摘，根据植株的长势不同可以收获多次。

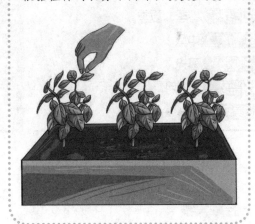

注意事项

◎开花很慢的鼠尾草

　　鼠尾草会在栽种的第二年开花，但是不结果，栽种期限3年以上的鼠尾草才会结果。

2~3年

甜菊

气味香甜，药食兼用

甜菊是一种宿根性草本植物，株高 1~3 米，叶对生或茎上部互生，边缘有锯齿。花为头状花序，基部浅紫红色或白色，上部白色。甜菊是一种带有甜甜气味的香草，这是因为甜菊的叶子中含有一种叫做甜菊糖的甜味物质。虽然甜菊味甜，但是热量很低，是糖尿病、心肌病、高血压患者绝佳的代糖食品。

别　　名	甜草、糖草、糖菊、瑞宝泽兰
科　　别	菊科
温度要求	温暖
湿度要求	湿润
适合土壤	中性保水性好的肥沃沙壤土
繁殖方式	播种
栽培季节	春季、夏季
容器类型	中型
光照要求	喜光
栽培周期	8 个月
难易程度	★★★

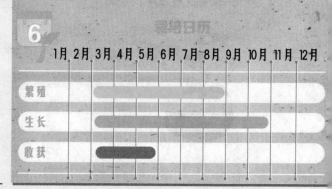

栽培日历

6	1月	2月	3月	4月	5月	6月	7月	8月	9月	10月	11月	12月
繁殖												
生长												
收获												

开始栽种

第 1 步

甜菊的种子外部有一层短毛，播种前要将短毛摩擦掉，再用温水浸泡 3 个小时，捞出后就可以播种了。

晾干

温水浸泡 3 小时

第2步

播种前要进行松土，将种子混合少量细土并均匀地播撒在土壤中，不需要再次覆土，用喷壶喷水即可。

第3步

甜菊的幼苗不耐干旱，浇水最好使用喷雾器喷水。当幼苗长出 2~3 对叶子的时候，可以进行第一次追肥，移植前 7~15 天要停止追肥。

氮肥肥料

第4步

当植株长出 5~7 对叶子的时候就可以进行移栽了。移栽前施足底肥，选择在早晚或阴天的时候进行，并浇足水。

移栽
底肥

第5步

移栽后追肥可以和浇水同时进行，以促进植株生长。

磷钾肥

注意事项

◎甜菊最甜的时候

甜菊在现蕾前叶片上面的甜味最浓，选择在这个时候进行采摘是最合适的选择，一定要把握好时间。

茉莉

清香甜美，有利健康

　　茉莉花素洁、芳香浓郁，花语表示忠贞、清纯、玲珑、迷人或你是我的。

　　茉莉花清香甜美，是人们非常喜欢的一种植物，它含有能够挥发油性的物质，可以清肝明目、消炎解毒，还可以起到稳定情绪、舒解郁闷心理的作用。茉莉花还具有抗菌消炎作用，可以作为外敷草药使用。

别　　名	香魂、莫利花、没丽、没利
科　　别	木犀科
温度要求	温暖
湿度要求	湿润
适合土壤	弱酸性的肥沃沙壤土
繁殖方式	播种、扦插
栽培季节	春季、夏季
容器类型	中型
光照要求	喜光
栽培周期	8个月
难易程度	★★

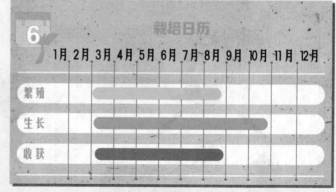

栽培日历

	1月	2月	3月	4月	5月	6月	7月	8月	9月	10月	11月	12月
繁殖												
生长												
收获												

开始栽种

第1步

　　茉莉往往采用扦插的方式进行繁殖。剪取当年生或前一年生的枝条，剪成约10厘米长一段，每段有3~4片叶子，将下部叶子剪除，埋入土中，保留1~2片叶子在土壤上面。

10厘米

第2步

扦插后要保持土壤的湿润，以促进枝条成活，夏季高温的情况下每天早晚需要各浇水一次。植株如果出现叶片打卷下垂的现象，可以在叶片上喷水以补充水分。

第3步

夏季是茉莉的生长旺季，需要每隔3~5天就追施1次稀薄液肥。入秋后要适当减少浇水，并逐渐停止施肥。

注意施肥

腐熟的豆渣、菜叶是茉莉花最好的肥料，将这些东西制成肥料既是废物利用，又为植物提供了充足的肥力，为花朵的盛开提供了保证。

第4步

将生长过于茂密的枝条、茎叶剪除，以增加植株的通风性和透光性，从而减少病虫害的发生。

第5步

茉莉花喜欢在阳光充足的环境中生长，充足的光照可以使植株生长得更加健壮。花期给植物多浇水可以使茉莉花的花香更加浓郁，浇水的时候注意不要将水洒到花朵上，否则会导致花朵凋落或者香味消逝。

注意事项

◎茉莉的哪一部分是可以食用的呢？

茉莉的花朵可以食用，将新摘下的花朵在阴凉通风、干净的地方储存，可以用来制作料理，也可以泡茶饮用。

天竺葵

美容护肤，利尿排毒

　　天竺葵是一种多年生草本花卉，原产南非。花色有红、白、粉、紫等多种。其花语是"偶然的相遇，幸福就在你身边"。

　　天竺葵是一种比较有效的美容香草，具有深层净化、收敛毛孔的作用，还可以平衡皮肤的油脂分泌，起到亮泽肌肤的作用。

别　　名	洋绣球、入腊红、石腊红、日烂红、洋葵
科　　别	牻牛儿苗科
温度要求	阴凉
湿度要求	湿润
适合土壤	中性排水性好的肥沃沙壤土
繁殖方式	扦插
栽培季节	春季、秋季
容器类型	中型
光照要求	喜光
栽培周期	全年
难易程度	★★

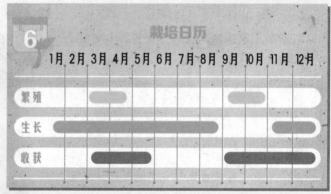

栽培日历

	1月	2月	3月	4月	5月	6月	7月	8月	9月	10月	11月	12月
繁殖												
生长												
收获												

开始栽种

第1步

　　若采用种子直播法，宜先在育苗盆中育苗，种子发芽后使幼苗立即接受光照，以防徒长。

种子直播

第2步

天竺葵在春秋两季扦插很容易成活。剪取7~8厘米的健壮枝条，将下部的叶片摘除，插入细沙土中，将盆栽置于阴凉的地方，保持土壤的湿润。

7~8厘米

扦插

第3步

在温度水分都很合适的前提下，扦插后约20天的时间就可以生根了。当根长到3~4厘米的时候就可以移栽上盆了。

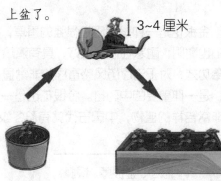

3~4厘米

第4步

当植株长到10~15厘米高的时候，要进行摘心，以促使新枝长出。

及时摘心

10~15厘米

第5步

生长期需要每半月追施一次稀薄的液肥，氮肥量不要施得过多，否则就会造成枝叶的徒长。植物出芽后，要追施一次稀薄的磷肥。

氮肥　　　　磷肥

注意事项

◎怎样延长花期？

天竺葵是全日照型的植物，只有充足光照才能使植物得到更好的生长。但炎热的夏季也要适当进行遮阴，避免阳光直射，这样可以延长花期。

◎及时修剪，确保新枝生长

为了使株形变得更加美观，植物在生长旺盛的时期要进行及时修剪。开花后要及时摘去花枝，以免消耗过多的养分，以利于新枝更好地发育。

金银花

美丽吉祥，药效显著

  金银花是一种是适应性很强的香草，喜阳也耐阴，耐寒性很也很好，具有清热解毒功效，对于治疗伤风感冒疗效非常显著，是一种重要的中药材。金银花也是一种非常吉祥的植物，中国古代就有忍冬纹这种常用的装饰纹样。

别　　名	忍冬、金银藤、银藤、二色花藤、二宝藤
科　　别	忍冬科
温度要求	耐寒
湿度要求	耐旱
适合土壤	中性排水性好的肥沃沙壤土
繁殖方式	扦插
栽培季节	春季
容器类型	中型
光照要求	喜光
栽培周期	8个月
难易程度	★★

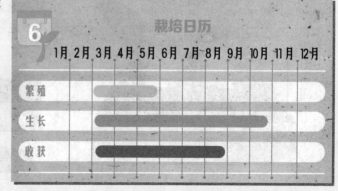

栽培日历

6	1月	2月	3月	4月	5月	6月	7月	8月	9月	10月	11月	12月
繁殖			▬	▬								
生长			▬	▬	▬	▬	▬	▬	▬			
收获			▬	▬	▬	▬	▬	▬				

开始栽种

第 1 步

  金银花以扦插的方式进行繁殖，选择粗壮健康的枝条，剪取长20厘米左右的枝段，摘掉下部叶片，将枝条插入泥土中，浇水。

20厘米

第2步

扦插的枝条在生根前要放置在通风阴凉的地方，并保持土壤湿润，插条生根长叶后每半月要施加1次稀薄的有机肥。

第3步

植株在生长期间，需要对枝条进行修剪，将弱枝、枯枝剪去，以利于主干可以生长得更加粗壮。当植物长至30厘米高的时候，要剪去顶梢，以促进侧芽的生长。

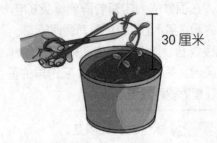

30厘米

第4步

春季在植物发芽前，以及入冬之前，都需要给植物施加有机肥，并要培土保根。

培土保根

有机肥

第5步

金银花要及时进行采收，收晚了就会导致品质下降。当花蕾由绿色变为白色，上部开始膨大时采收最好。选择在清晨或者上午采摘最为合适。

及时采收

注意事项

◎金银花的保存

花朵采摘下来后不要堆叠在一起，应该先将它们置于通风处晾干，花朵在干燥前不能用手触摸或翻动，否则会很容易导致花朵颜色变黑。

◎金银花易生病

白粉病是金银花比较容易感染的疾病，一旦发现有受病害的迹象就要及时进行修剪，并改善植株的通风和透光条件。

艾草

🌿 香气浓郁，治病驱虫

　　艾草是逢到端午节时都会见到的植物，在百姓的心中有着辟邪驱灾的吉祥内涵。实际上艾草还具有调理气血、温暖经脉、散寒除湿的功效，能够治疗风湿、关节疼痛等症状，它奇异的香味还能够驱赶蚊虫。

别　　名	冰台、遏草、香艾、蕲艾、艾蒿
科　　别	菊科
温度要求	耐寒
湿度要求	湿润
适合土壤	中性潮湿的肥沃沙壤土
繁殖方式	播种、分株
栽培季节	春季
容器类型	中型
光照要求	喜光
栽培周期	8个月
难易程度	★★

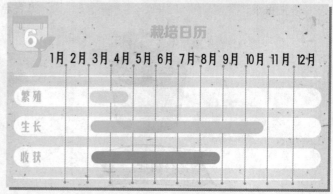

栽培日历

	1月	2月	3月	4月	5月	6月	7月	8月	9月	10月	11月	12月
繁殖												
生长												
收获												

🌱 开始栽种

第 1 步

　　艾草用播种或者是分株的繁殖方式均可。选择播种的方式进行培植，要注意覆土不可以过厚，0.5厘米即可，否则会导致出苗困难。

分株繁殖　　　　播种繁殖

0.5 厘米

第2步

播种后要保持土壤湿润，出苗后要注意及时松土、间苗。

第3步

当苗长到 10~15 厘米高的时候，按照株间距 20 厘米左右进行定苗。

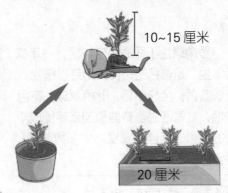

第4步

植株生长期间，我们可以随时摘取植株的嫩叶食用，每采摘一次，就要施加一次有机肥，以氮肥为主，适当配以磷钾肥。

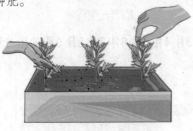

第5步

艾草种植 3~4 年的时间就可以进行分株了，分株要在早春芽苞还没有萌发的时候进行，将植株连着根部挖出，选择健壮的根状茎，在保持 20 厘米株距情况下另行种植，压土浇水即可。

注意事项

◎栽种前的准备工作

艾草在种植前要做好准备工作，施加足够的基肥，并保持土壤的湿润，给种子发芽创造一个好环境。

◎艾叶的功效

艾叶是传统中药材中的一种，具有舒经活血、养神安眠的作用，对毛囊炎、湿疹也具有不错的疗效。

罗勒

营养减肥，活血解毒

罗勒原生于亚洲热带地区，一年或多年生，是著名的药食两用芳香植物，味似茴香，全株小巧，叶色翠绿，花色鲜艳，芳香四溢。有些稍加修剪即成美丽的盆景，可盆栽观赏。大多数普通种类全株被稀疏柔毛。

别　　名	九层塔、金不换、圣约瑟夫草、甜罗勒
科　　别	唇形科
温度要求	温暖
湿度要求	湿润
适合土壤	中性排水性好的肥沃沙壤土
繁殖方式	播种
栽培季节	春季、夏季
容器类型	中型
光照要求	喜光
栽培周期	8 个月
难易程度	★★

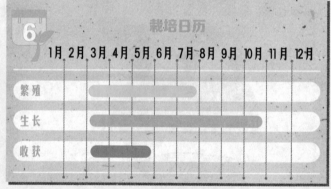

栽培日历

	1月 2月 3月 4月 5月 6月 7月 8月 9月 10月 11月 12月
繁殖	
生长	
收获	

开始栽种

第 1 步

罗勒通常采用播种的方式进行繁殖，选择饱满、无病虫害的种子。培养土要在阳光下晒一晒，以杀死土壤中的病菌。

 园土　　 腐熟有机肥

2 : 1

第2步

将种子均匀撒播在土中，覆土 0.5 厘米，最后进行喷水。温度控制在 20℃ 左右，4~5 天小苗就可以长出来。

0.5 厘米

细孔喷壶

覆土喷水

第3步

当植株长出 1~2 片叶子的时候要适当进行间苗，使苗间距控制在 3~4 厘米。罗勒的小苗非常不耐旱，要及时浇水。

3~4 厘米

第4步

当植株长出 4~5 对叶子的时候就可以移栽了，株距约保持在 25 厘米左右，定植后要浇透水。

适时定植

25 厘米

第5步

如果不需要采收种子，当花穗抽出后要及时进行摘心，以免消耗过多的养分。

10~15 厘米

注意事项

◎怎么施肥？

罗勒如果缺肥，植株就会变得十分矮小，适当施肥可以让植株生长得更好，而施肥应该按照少量而多次的原则进行。

15 天施肥一次

◎哪一部分可以食用？

罗勒要趁花蕾未开放前进行采摘，这时候的茎叶口感鲜嫩，是采摘食用的最好时刻，罗勒一旦开花叶子就会老化，口感会变差。

第二章

功能多香草

牛至

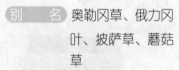 营养丰富，诱人食欲

　　牛至为多年生草本或半灌木，在自然状态下分布于海拔 500~3600 米的山坡、林下、草地或路旁。牛至具有很强的抗氧化功效，能够抗衰老，是很好的美容食品，并且还具有增进食欲、促进消化的作用，每餐配上一点牛至作为食材辅料，既可以增加美食的香味又可以补充营养，实在是一举多得。

别　　名	奥勒冈草、俄力冈叶、披萨草、蘑菇草
科　　别	唇形科
温度要求	耐寒
湿度要求	耐旱
适合土壤	微酸性排水性好的肥沃土壤
繁殖方式	播种、扦插、分株
栽培季节	春季、夏季
容器类型	中型
光照要求	喜光
难易程度	★★

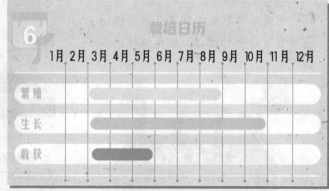

6	栽培日历											
	1月	2月	3月	4月	5月	6月	7月	8月	9月	10月	11月	12月
繁殖												
生长												
收获												

开始栽种

第1步

牛至在播种前要进行松土，将种子均匀撒播在土中，覆上约 0.2 厘米厚的细土，用喷壶保持土壤湿润即可。所用喷壶喷头孔隙要小，以防浇水时水珠打击土层使土壤板结而影响出苗。

0.2 厘米

细孔喷壶

第2步

牛至种子非常细小，出苗前不要进行浇水，喷壶是保持土壤水分的最好选择，所以要做到勤补水，补水时以打湿土层表面为宜。当出苗后生长高度达到 2 厘米左右时才可以采用小水灌溉，频率大约为每 3 天 1 次。另外，还要注意保持良好的通风。

第3步

当植株长到 4~6 厘米高时，就能够进行移栽了。移栽后要适时松土，以保持土壤的透气性。

4~6 厘米

松土

适时移栽

第 **4** 步

摘心的时候要配合追施稀薄的氮磷肥，以促进侧芽的生长。

稀薄的氮磷肥

第 **5** 步

牛至也可以用扦插和分株的方式进行繁育，早春或晚秋的时候可以挖出老根，选择较粗壮并带有2~3个芽的根剪开，另行种植。6~8厘米长粗壮新鲜的枝条则是扦插的最好选择。

分株

扦插

6~8厘米

注意事项

◎采摘的时节

牛至开始现蕾就可以食用了，最好选择在晴天进行采摘。

◎可以食用的部分是哪里?

牛至的鲜叶、嫩芽都是可以食用的部分，既可做调料，也可以泡茶饮用，味道口感都非常好，还具有很多养生保健的功效。

◎怎样增加土壤的排水性?

土壤的排水性良好对牛至的生长十分重要，在培养土中加入泥炭土或珍珠岩这类排水性较好的材质，可以有效地改善土壤的排水性，有利于牛至的生长。

泥炭土　珍珠岩

美食妙用

用牛至泡茶，饭后饮用可以促进肠道蠕动，帮助消化，对感冒、头痛、神经系统疾病也有很好的疗效，用来洗澡还可以起到舒解疲劳的作用。

牛至蔬菜沙拉

材料: 番茄2个，鸡蛋1个，洋葱半个，生菜3片，牛至鲜叶10片，黄瓜半根，奶酪100克，沙拉酱适量。

做法:

❶ 将番茄、黄瓜洗净切片，洋葱去皮洗净切圈，生菜、牛至叶洗净切碎。❷ 将鸡蛋煮熟，取出放凉后去壳切片。❸ 将番茄、黄瓜、洋葱、生菜、牛至、鸡蛋放入盘中，撒上奶酪、沙拉酱拌匀即可。

洋甘菊

🌿 **营养丰富，诱人食欲**

　　洋甘菊是一种具舒缓作用的植物，具有抗菌消炎、抗过敏的作用，对于那些经常起痘痘的皮肤，可以用洋甘菊制成面膜，以起到改善舒缓的作用。洋甘菊淡淡的香气还可以抚平焦虑紧张的情绪，对于缓解压力有很好的效果。

别　　名	母菊、罗马洋甘菊、德国洋甘菊
科　　别	菊科
温度要求	耐寒
湿度要求	湿润
适合土壤	中性排水性好的肥沃土壤
繁殖方式	播种、扦插、分株
栽培季节	春季、夏季、秋季
容器类型	中型
光照要求	喜光
栽培周期	全年
难易程度	★★

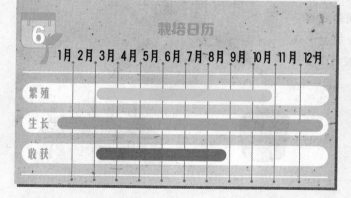

栽培日历

	1月	2月	3月	4月	5月	6月	7月	8月	9月	10月	11月	12月
繁殖												
生长												
收获												

神奇功用

　　洋甘菊茶具有镇静作用，能减轻焦虑的情绪，对失眠很有帮助。洋甘菊性质温和，具有舒缓肌肤、收敛毛孔的作用。

洋甘菊安眠茶

材料： 洋甘菊鲜花8朵，蜂蜜适量。

做法：

❶ 将洋甘菊花洗净，放入茶壶中。❷ 用热水冲泡，静置10分钟。❸ 调入适量蜂蜜，搅匀即可。

开始栽种

第1步

洋甘菊可以用种子直接进行繁育。由于种子非常细小，播种时需要将种子与细沙混合。

种子　　　干细沙

第2步

播种后在容器上覆上一层保鲜膜以保持土壤湿润，出苗后去掉保鲜膜，种植的温度不要过高，这样会导致植株徒长。

覆地膜

第3步

当植株生长到约10厘米高的时候，可以进行移栽定植，株间距控制在15~25厘米。松软而湿润的土壤、充足的阳光是洋甘菊最适合的生长条件。生长期每月施肥一次，控制用量，否则花期会推迟。

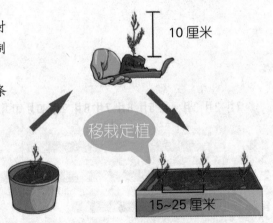

10厘米

移栽定植

15~25厘米

第4步

枝叶长得过于繁密时，要及时修剪拥挤的枝叶，以增加植株的透气性，并要及时摘心，以促进其他枝芽的生长。

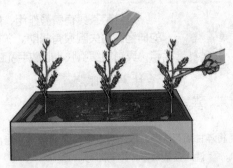

及时修剪枝叶、摘心

第5步

洋甘菊也可以用扦插和分株的方式进行繁育。分株应该在秋季进行，扦插可以选取顶部5~7厘米的嫩枝作为插条。

分株

5~7厘米

扦插

"苹果仙子" 洋甘菊

洋甘菊为一年生或多年生草本植物，株高30~50厘米，全株无毛，有香气。头状花序顶生或腋生，外层花冠舌状，白色，内层花冠筒状，黄色。瘦果极小，长圆形或倒卵形。种子细小。

洋甘菊在拉丁语中被称为"高贵的花朵"，在古希腊被称为"苹果仙子"，埃及人将洋甘菊献给太阳，并推崇为神草，将其用于治疗神经疼痛。罗马时期以洋甘菊治疗蛇咬已是民众的基本常识。 洋甘菊因产地不同、功效不同而分为两种：罗马洋甘菊和德国洋甘菊。德国洋甘菊是美丽的天蓝色，比罗马洋甘菊更胜一筹，它叶片有苹果甜味，泛着温暖的草木香；花朵带有苹果香气，呈鲜绿色；花呈金黄色圆锥形；花心芳香结实。挑选干花时，以色泽别太深、叶片完整、干燥无潮湿者为好。

注意事项

◎洋甘菊的采摘时节

洋甘菊的开花时间很晚，在播种后的第二年夏季才会开花。开花前是营养含量最高的一段时间，所以采摘最好选择在这个时间进行。

◎可以收获不止一次

洋甘菊在1个生长周期里可以收获不止1次，要选择在晴天的正午进行。由于洋甘菊的花期比较长，开花后植株容易老化，需要进行强剪以促进新枝叶的萌发，这样1个周期一般可以收获3~5次。

◎不耐热的香草

洋甘菊不适合在炎热和干燥的环境中生长，夏季应早晚各浇一次水，以保证植株的生长环境湿润。

香菜

🌿 香味独特，营养丰富

　　香菜是我们经常吃的一种蔬菜，但它也是一种香草。香菜中含有丰富的维生素 C、维生素 A、胡萝卜素，以及钙、钾、磷、镁等矿物质，能够提高人体的抗病能力。其独特的香味还能促进人体肠胃的蠕动，刺激汗腺分泌，加速新陈代谢。

别　　名	香荽、胡荽、原荽、园荽、芫荽
科　　别	伞形科
温度要求	阴凉
湿度要求	湿润
适合土壤	微酸性排水性好的沙壤土
繁殖方式	播种
栽培季节	秋季
容器类型	中型
光照要求	喜光
栽培周期	全年
难易程度	★★

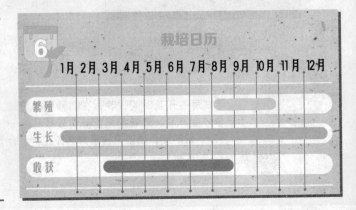

栽培日历

	1月	2月	3月	4月	5月	6月	7月	8月	9月	10月	11月	12月
繁殖												
生长												
收获												

🌱 开始栽种

第1步

　　种植香菜前，要将土壤翻松弄碎，然后施足有机基肥，让肥料与泥土充分混合后，浇透水。

翻土

有机基肥

第2步

香菜的果实内有两粒种子，为了提高发芽率，播种前我们需要将果实搓开。将种子均匀地撒播在培养土上，覆土约1厘米厚，浇透水即可。

1厘米

第3步

当植株长出3~4片叶子的时候要进行间苗，将病弱的小苗拔去，保留苗壮的苗。

适时间苗

第5步

当植株长到15~20厘米高时，就可以采摘了，可以分批次进行。每采摘1次，就要追肥一次，以促进剩下植株的生长。

每采摘一次，追肥一次

15~20厘米

第4步

香菜是长日照植物，在结果的时候土壤千万不能干，否则会直接影响结果的质量。要时刻保持土壤湿润，让种子生长得更加饱满。

保持土壤湿润

注意事项

◎控制浇水量

香菜养护时保持土壤湿润即可，不要浇太多的水。

◎浇水与施肥相结合

当植株进入生长旺盛期的时候，应勤浇水，施肥也要结合浇水进行，生长期要追施氮肥1~2次。

保持土壤湿润即可

琉璃苣

芬芳可爱，美容养颜

　　琉璃苣中含有的挥发油成分能够有效地调节女性生理周期所带来的不适，缓解更年期内分泌失调等症状，延缓衰老，是美容养颜的绝佳食品。琉璃苣花朵状如星星，灿烂可爱，具有很强的观赏性。

别　　名	星星花
科　　别	紫草科
温度要求	阴凉
湿度要求	耐旱
适合土壤	微酸性排水性好的肥沃土壤
繁殖方式	播种
栽培季节	春季
容器类型	中型
光照要求	喜光
栽培周期	8个月
难易程度	★★

栽培日历

6	1月	2月	3月	4月	5月	6月	7月	8月	9月	10月	11月	12月
繁殖			▬	▬								
生长			▬	▬	▬	▬	▬	▬	▬			
收获			▬	▬	▬							

开始栽种

第1步

　　琉璃苣种子通常皮较硬，播种前需要在40℃的温水中浸泡1~2天。

40℃的温水中浸泡1~2天

第2步

在土壤中挖出小坑，每个坑放 3~4 粒种子，覆上约 0.5 厘米厚的土，用浸盆法让土壤充分吸收水分。

0.5厘米

第3步

将容器置于干燥阴凉的环境中，以保证土壤的湿润。当幼苗长出 2~3 对叶子的时候，间去长势较弱的小苗，每坑留下 1~2 株即可。

第4步

生长出 3~5 对叶子的时候就可以进行移栽定植了，移栽时注意不要伤及植株的根系。土壤以沙壤土为佳，在晴朗的天气中进行。

沙壤土

第5步

为了增加植株的开花数量，以促进分枝生长，当植株长到约 20 厘米高的是要进行一次摘心。

20厘米

注意事项

◎琉璃苣可随时采摘食用

琉璃苣成熟后可以随时采摘嫩叶食用，鲜叶脆嫩多汁，具有黄瓜的宜人芳香，还可以作为沙拉的调味料，是一种不可多得的营养食材。

◎不等人的种子

琉璃苣在定植后约 40 天左右就会开花了，种子成熟时要及时进行采收，否则会自行脱落，因此一定要把握好时间。

莳萝

清甜可人，有益健康

莳萝和香芹的味道非常相似，具有一种清凉可人的甜味。这种香气能够有效促进消化，缓解胃疼等，而不会产生不良反应。

别　　名	洋茴香、土茴香
科　　别	伞形科
温度要求	温暖
湿度要求	湿润
适合土壤	微酸性排水性好的沙壤土
繁殖方式	播种、扦插
栽培季节	春季、夏季、秋季
容器类型	中型
光照要求	喜光
栽培周期	8 个月
难易程度	★★

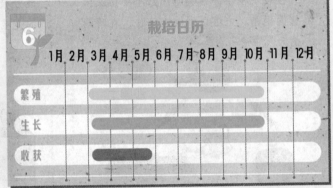

栽培日历

	1月	2月	3月	4月	5月	6月	7月	8月	9月	10月	11月	12月
繁殖												
生长												
收获												

开始栽种

第 1 步

播种前用 40~50℃的温水浸泡种子 1~2 天，每天换一次水，这样可以有效提高发芽率。

40~50℃的温水

第**2**步

将种子均匀地播撒在土中，覆土约0.5厘米厚，用细孔喷壶轻轻洒水。莳萝幼苗冲破土壤的能力非常弱，种子发芽的时候，我们可以轻轻拨开土壤，以帮助植物出苗。

第**3**步

植株在生长过程中需要保持土壤湿润，莳萝不适合移栽，如果植株过于拥挤，可以适当进行间苗，将植株的间距控制在20厘米。

20厘米

第**4**步

当幼苗长到5~10厘米高时，可以追施一次有机肥。开花的时候，再追施一次有机肥。

5~10厘米

对土壤的要求

莳萝对土壤的酸碱性较为敏感，最好采用微酸性的土壤进行栽培，另外在栽种前要对土壤进行消毒，以预防病虫害的发生。

第**5**步

莳萝开黄色的小花，但是花期比较短。若要采收种子，当花穗枯萎、种子变成褐色的时候可以进行采收。采收后放置在阴凉通风的地方进行保存。

注意事项

◎食用嫩叶需要什么时候进行采摘？

莳萝要在花穗形成之前或者刚刚形成的时候进行采摘，这样可以保证莳萝叶的鲜嫩，开花后的叶子就会变老，口感很差。

◎莳萝繁殖期需要注意什么？

莳萝也可以选择用扦插的方式进行繁殖，夏、秋两季剪取嫩枝进行插穗，嫩枝上面要保留3~5片的叶，将其插入到沙土中遮阴保湿即可。

柠檬香蜂草

气味芬芳，有益健康

柠檬香蜂草为多年生草本植物，原产于南欧。植株高 30~50 厘米，分枝性强，易形成丛生，茎叶披有绒毛，花白色或淡黄色，夏季开花。柠檬香蜂草会散发出一种柠檬般香甜的气味，并且还具有促进食欲、帮助消化的功能，是代替柠檬的最佳植物。

别　　名	薄菏香脂、蜂香脂、蜜蜂花
科　　别	唇形科
温度要求	耐寒
湿度要求	湿润
适合土壤	中性排水性好的沙壤土
繁殖方式	播种、扦插
栽培季节	春季、夏季
容器类型	中型
光照要求	喜光
栽培周期	8 个月
难易程度	★★

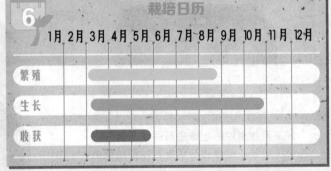

栽培日历

	1月 2月 3月 4月 5月 6月 7月 8月 9月 10月 11月 12月
繁殖	
生长	
收获	

开始栽种

第1步

播种前用 40~50℃的温水浸泡种子 1~2 天，每天换一次水，这样可以有效提高发芽率。出苗后需要进行间苗。当长出 4~6 片叶子的时候，就可以进行移栽定植了。

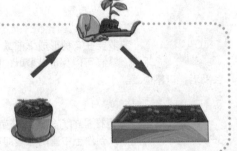

第2步

为了避免枝叶太过密集，要及时进行修剪。夏季要遮阴养护，避免强烈阳光暴晒，并要补充足够的水分。

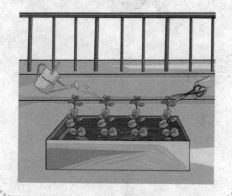

第3步

采摘应该选在开花前进行，这样可以最大程度地将香味保留在香蜂草的叶子里。

香味会变淡

开花前

第4步

柠檬香蜂草也可以用扦插的方式进行繁殖。剪取10厘米左右的粗壮枝条，摘掉下面2~4片叶子插入水中，大约10天左右就可以生根了。

10厘米左右

注意事项

◎及时减穗，延长寿命

柠檬香蜂草开花后会出现植株停止生长的现象，因此当夏季花穗出现的时候要及时将其摘除，这样可以延长植株的寿命。

◎注意排水，防止烂根

柠檬香蜂草浇水时一是要浇透，但是浇透水的同时也要注意排水，以避免因积水而导致根部腐烂。

◎控制生长过旺

柠檬香蜂草的生长力非常旺盛，可以一边摘心一边栽培，一个生长周期大约需要摘心2~3次，这样可使营养吸收得更加集中，使植株生长得更好。

欧芹

营养丰富，有益健康

欧芹是一种营养非常丰富的植物，除了含维生素 C、维生素 A，还含有钙、铁、钠等微量元素，可以有效提高人体的免疫力，防止动脉硬化，保护肝脏。

别　　名	巴西利、洋香菜、洋芫荽
科　　别	伞形科
温度要求	阴凉
湿度要求	湿润
适合土壤	中性排水性好的肥沃土壤
繁殖方式	播种
栽培季节	春季、夏季
容器类型	中型
光照要求	喜光
栽培周期	8个月
难易程度	★★

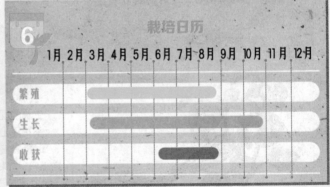

栽培日历

	1月	2月	3月	4月	5月	6月	7月	8月	9月	10月	11月	12月
繁殖												
生长												
收获												

开始栽种

第 1 步

欧芹可以用种子直接进行培植。播种前需要浸种 12~14 小时，再置于 20℃左右的环境中催芽，当种子露白的时候就可以进行播种了。

浸种 12~14 小时

20℃左右

第2步

将土壤浇透水后，将种子均匀撒播在土中，覆土 0.5~1 厘米厚，再适量喷水即可。覆上一层保鲜膜更有利于种子的发育。

0.5~1 厘米

第3步

当幼苗长出 5~6 片叶子的时候就可以移栽定植了，要浇透水，保持土壤湿润。

第4步

生长期植物每隔 15~20 天就要浇水、追肥一次，以有机复合肥为主。

有机复合肥

第5步

欧芹可分期进行采收，采收的时候动作要轻，不要伤及嫩叶和新芽，采收 1~2 次就要追肥 1 次。

注意事项

◎孕育花芽时温度不宜过高

欧芹需要在低温的环境中才会分化出花芽，而开花却需要高温和长日照，之间的温度变化比较大，因此要注意对植株生长环境温度的掌握。开花结果后就可以收获种子了，放在通风干燥的环境中保存最好。

发芽时温度不宜过高

◎保持土壤湿润并通风

欧芹对水分的要求比较高，过干过湿都不适合植株的生长，要随时保持土壤湿润，并及时进行通风排湿。

神香草

气味清香，用途广泛

　　神香草为多年生半灌木，株高50~60厘米，单叶窄披针形到线形，花序穗状，有紫色、白色、玫红等品种。神香草气味清香，具有提神醒脑、清热解毒的功效，还可以防治感冒、支气管炎。

别　　名	牛膝草、柳薄荷、海索草
科　　别	唇形科
温度要求	耐寒
湿度要求	湿润
适合土壤	弱酸性排水性好的沙壤土
繁殖方式	播种、扦插、分株
栽培季节	春季、秋季
容器类型	中型
光照要求	喜光
栽培周期	8个月
难易程度	★★

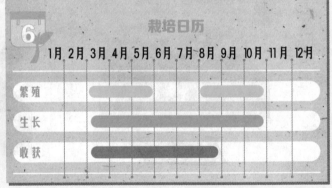

栽培日历

	1月	2月	3月	4月	5月	6月	7月	8月	9月	10月	11月	12月
繁殖												
生长												
收获												

开始栽种

第1步

　　神香草通常是以播种的方式进行繁殖的。我们可以在花店或者种苗商店买到神香草的种子。将种子与细沙混合，均匀撒播在育苗盆中，浇透水，出苗前保持土壤湿润即可。

第2步

当植株长到6~8厘米高的时候，就可以移栽定植了。一定要控制温度和湿度，温度过高会导致植株徒长。

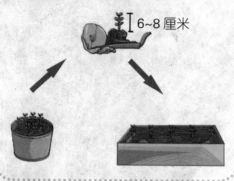

第3步

定植后要浇足水，7~10天后再次浇水，以促进新根的生长。

第4步

神香草需要大量的氮肥，但对磷钾肥的需求量较少。适当施肥会使枝叶迅速生长。

注意事项

◎什么时候最适宜采花？

神香草一般是在6月开花，有少量花苞绽放的时候就可以进行采收了。种子一般在7、8月成熟，要注意采摘和收种的时间。

◎扦插和分株的不同时间

第二年春季　　第二年秋季

神香草还有扦插和分株两种繁殖方式，扦插最好是在第二年的春季进行，分株则最好选择在秋季进行。

收获前5~10天

◎停止浇水的时间

为了提高采收的质量，在采收前5~10天就要停止浇水了。

西洋菜

营养丰富，诱人食欲

西洋菜是一种保健效果非常显著的香草，它含有丰富的维生素C、维生素A、胡萝卜素、氨基酸以及钙、磷、铁等矿物质，具有润肺止咳、通经利尿的功效。西洋菜的口感爽脆，非常适合做成沙拉食用，是夏季解暑的上佳美食。

别　　名	豆瓣菜、水蔊菜、水芥、水田芥菜、水荷蒿
科　　别	十字花科
温度要求	凉爽
湿度要求	湿润
适合土壤	中性保水性好的黏壤土
繁殖方式	播种、扦插
栽培季节	春季、夏季
容器类型	中型
光照要求	喜光
栽培周期	3个月
难易程度	★★

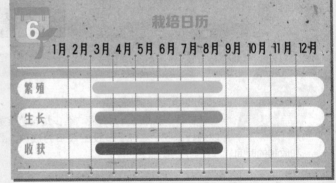

栽培日历

6	1月	2月	3月	4月	5月	6月	7月	8月	9月	10月	11月	12月
繁殖												
生长												
收获												

开始栽种

第1步

将西洋菜的种子浸泡在25℃的水中，直到种子露白，然后再播撒在培养土中。

25℃左右

第**2**步

种子发芽前，每天要浇水1~2次，当幼苗长到10~15厘米高时开始移栽定植。

第**3**步

西洋菜喜欢湿润的生长环境，要经常浇水以保持土壤湿润，春秋季节每天都要浇1次水，夏季高温的情况下早晚都要浇1次水。

第**4**步

西洋菜生长得非常迅速，当植株长到20~25厘米高的时候就可以收获了。

适时采收

第**5**步

西洋菜也可以采用扦插的方式进行繁殖，剪取一段长12~15厘米的粗壮枝条扦插，将其插到培养土中，正常养护即可。

12~15厘米

注意事项

◎采种、采茎二选一

如果想要收获西洋菜的种子，就要让植株生长成熟，在春末夏初的时候植物会开花，等到花朵凋谢，种子就会变黄，这个时候就可以收获种子。要收获种子就不可以在植物鲜嫩的时候采摘鲜叶。

◎缺肥的迹象

植物在生长期一般不要进行追肥，如果生长缓慢，并且叶子的中下部出现暗红色，这便是植株缺肥的信号，这时我们追加一些氮肥即可。

氮肥肥料

柠檬马鞭草

香气浓郁，有益健康

柠檬马鞭草原产于热带美洲。柠檬马鞭草虽然属于马鞭草科，却是多年生灌木。它狭长的鲜绿叶片飘溢着强烈如柠檬的香气，所以才获得这一名称。柠檬马鞭草具有镇静舒缓的作用，能够消除疲乏、恢复体力。用柠檬马鞭草的叶片泡茶，可以有效消除肠胃胀气，促进消化，还可以缓解咽喉肿痛。

别　　名	防臭木、香水木
科　　别	马鞭草科
温度要求	温暖
湿度要求	耐旱
适合土壤	中型排水性好的肥沃土壤
繁殖方式	播种、扦插
栽培季节	春季、夏季
容器类型	中型
光照要求	喜光
栽培周期	8个月
难易程度	★★

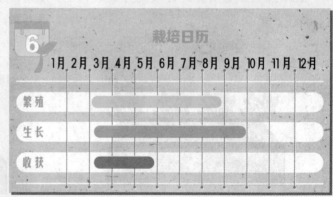

栽培日历

	1月	2月	3月	4月	5月	6月	7月	8月	9月	10月	11月	12月
繁殖												
生长												
收获												

开始栽种

第 1 步

柠檬马鞭草对土质的要求比较高，在市场上购买由泥炭土、珍珠岩、河沙以及有机质混合的营养土是最为适合的。将种子均匀播撒在育苗盆中，浇透水，出苗前要保持土壤湿润。

泥炭土

珍珠岩

河沙

第 **2** 步

植株出苗后要保持良好的通风,并将温度控制在 20℃左右,当幼苗长到 3~5 厘米高的时候,可以进行移栽。

3~5 厘米

第 **3** 步

柠檬马鞭草非常害怕涝的环境,当土壤完全变干的时候进行浇水是最合适的。浇水时不要将水直接浇于叶和花上,这样容易造成植株腐烂。

第 **4** 步

柠檬马鞭草生长得非常迅速,因此需要经常修剪,以促发新枝。这样还可以保持良好的通风,减少疾病的侵袭。

第 **5** 步

春、夏两季是植株生长旺盛的季节,我们可以将采收同修剪结合进行。采收下来的鲜叶非常适合泡茶,保存时需要将鲜叶通风干燥。

泡茶

注意事项

◎如何扦插

柠檬马鞭草扦插也是可以繁殖的,在春、秋时选取健壮枝条,插入排水良好的土壤中,遮阴养护,等到枝条生根就可以进行移栽了。

芝麻菜

营养丰富，清热解毒

芝麻菜是一年生草本植物，我国部分地区素有食用芝麻菜的习惯，一般于春季采摘其嫩苗食用。芝麻菜虽然有着淡淡的苦涩味道，但更多的是浓郁的芝麻香气。无论茎、叶都可以食用，炒菜、做汤、凉拌都可以，还有清热解毒、消肿散瘀的功效。种植也非常容易。

别　　名	芸芥、火箭生菜
科　　别	十字花科
温度要求	阴凉
湿度要求	湿润
适合土壤	中性排水性好的肥沃土壤
繁殖方式	播种
栽培季节	春季、秋季
容器类型	中型
光照要求	喜光
栽培周期	8个月
难易程度	★★

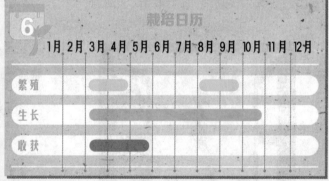

栽培日历

6

	1月	2月	3月	4月	5月	6月	7月	8月	9月	10月	11月	12月
繁殖			▬	▬				▬				
生长			▬	▬	▬	▬	▬	▬	▬			
收获			▬	▬	▬							

开始栽种

第1步

在种植芝麻菜之前要将土壤翻松，施入足够的有机肥做基肥。芝麻菜的生长非常迅速，选择直播的方式是最合适的，播种前不需要浸种。将种子均匀播撒在土中，覆盖一层薄土，采用浸盆法使土壤吸足水。

第 2 步

播种后大约 4~5 天的时间，小苗就会长出来了，当幼苗长出 2~3 片叶子的时候要除去弱苗、病苗。

间除弱苗、病苗

4~5 天后

第 3 步

追肥要根据植株的长势而定，采收前 5~7 天不要进行追肥，以免影响收获。

采收前 5~7 天

第 4 步

当植株长到 20 厘米左右高的时候，要及时进行采收。收获晚了会影响口感。

20 厘米

及时采收

注意事项

◎保持阴凉的好处

芝麻菜在阴凉潮湿的环境中生长的速度比较快，生长期间最好要保持土壤湿润，以小水勤浇的原则最好。

配合施用　必要时

◎肥料营养要均衡

芝麻菜的生长需要氮、磷、钾肥三种肥料的配合施用，必要时还要补充一些微量元素，千万不能只施加一种肥料，否则会导致植株营养元素的不均衡。

◎做好降温工作

每年夏季我们需要给芝麻菜进行降温，加盖遮阳的纱网，或者是采用喷水降温等都是很好的方式。

柠檬香茅

繁殖迅速，驱虫高手

　　柠檬香茅原产于热带亚洲，是一种非常常见的植物，外表看起来就是一般的茅草，但却可以散发出浓郁的柠檬香气。在市场上我们很难买到柠檬香茅的种子，所以移栽幼苗是最佳的选择。柠檬香茅喜欢生长在高温多湿的环境之中，因此一定要控制好温度和湿度。

别　　名	柠檬草、香茅草
科　　别	禾本科
温度要求	耐高温
湿度要求	湿润
适合土壤	微酸性排水性好的沙壤土
繁殖方式	播种、分株
栽培季节	春季、秋季
容器类型	大型
光照要求	喜光
栽培周期	10 个月
难易程度	★★

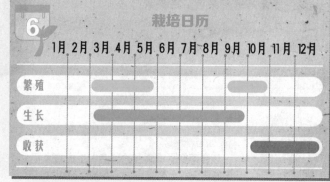

栽培日历

	1月	2月	3月	4月	5月	6月	7月	8月	9月	10月	11月	12月
繁殖			■	■					■	■		
生长			■	■	■	■	■	■	■	■	■	
收获										■	■	■

开始栽种

第 1 步

　　市面上很少有出售柠檬香茅种子的，因此需要从植株的幼苗期开始培育。

培育幼苗

第2步

柠檬香茅喜欢阳光充足、气候炎热的生长环境，采用砂质土壤进行培育是不错的选择。

砂质土壤

第3步

柠檬香茅在潮湿的环境中生长得比较好，对氮肥和钾肥的需求量相当。

多湿的生
长环境

氮肥　　钾肥

第4步

春季开始播种，到9月时植株就会成熟，成熟后每隔3~4个月可以采收1次，要留下茎部距地面5厘米的长度。

每3~4个月采收一次

5厘米

第5步

柠檬香茅春秋季节可以采用分株的方式进行繁殖。

春秋季

注意事项

◎柠檬香茅很怕冷

柠檬香茅的耐寒力非常弱，在温度低于5℃的时候就会死亡，所以栽种的时候一定要留心霜冻和低温，将它搬移至室内养护是比较安全的方法。

◎及时分株

柠檬香茅的繁殖能力比较强，当植株形成丛生状态的时候要及时进行分株，否则就会分散植株的营养供给，对植物以后的生长产生不良的影响，以二三株为一盆最为适宜。

◎柠檬香茅好处多

柠檬香茅具有驱虫的作用，我们可以在栽种其他植物的时候同时栽种一些柠檬香茅，这样可以有效地减少害虫的侵扰。平时我们也可以将柠檬香茅当做驱虫剂来使用。

可以驱虫

猫薄荷

🌿 观赏佳品，猫咪最爱

　　猫薄荷为一年生草本植物，花为白色或淡紫色，由于能刺激猫的费洛蒙受器，使猫产生一些特殊的行为，故得名。

　　猫薄荷有着绒绒的触感，叶片是小小的圆形，看起来非常可爱，闻起来还有淡淡的芳香，紫色的花朵可以持续绽放，花期非常长，有着如薰衣草般浪漫的视觉效果，也是宠物猫咪的最爱。

别　　名	荆芥
科　　别	唇形科
温度要求	温暖
湿度要求	耐旱
适合土壤	中性排水性好的沙壤土
繁殖方式	播种
栽培季节	春季
容器类型	中型
光照要求	喜光
栽培周期	8 个月
难易程度	★★

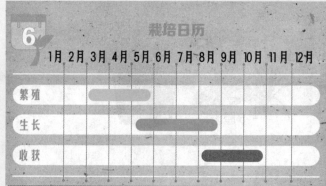

栽培日历

	1月	2月	3月	4月	5月	6月	7月	8月	9月	10月	11月	12月
繁殖			▬	▬								
生长						▬	▬	▬				
收获								▬	▬	▬		

🌸 开始栽种

 第 **1** 步

　　猫薄荷可以直接种植，只需要稍加覆盖即可，一般 10~14 天就可以出芽。发芽前要避免阳光直射，放置在遮阴处养护最好。

10~14 天

第<big>2</big>步

种子出芽 4~6 周后就可以将植株移栽定植了。株长 9~10 厘米的苗至少要选择深度为 11~15 厘米的容器才可以。

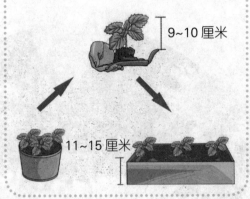

9~10 厘米

11~15 厘米

第<big>3</big>步

猫薄荷适合种植于排水性好的土壤之中，每周施 1~2 次的稀薄液肥即可。

每周 1~2 次

稀薄液肥

第<big>4</big>步

移栽后为了防止根系被病菌感染，最好喷洒 1 次杀菌剂。浇水要在土壤完全干透的情况下进行。

杀菌剂

第<big>5</big>步

猫薄荷的生长很快，如果放任不管就会造成植株的衰弱，要时刻关注植株的生长情况以便及时进行修剪。

及时修剪

注意事项

◎叶片枯黄怎么办？

猫薄荷如果叶片生长过密、通风不良的话就会导致叶片枯黄，甚至会出现枝条下垂的状况，这时就要及时进行修剪，修剪时要将下垂的枝条一并剪去，以利于营养的有效利用。

◎猫咪喜欢，人不适合

在给猫咪喂食的时候加入少量的猫薄荷，可以有效地促进猫咪的肠胃消化，但是人类尝起来口感却不是很好，所以不要食用。

X

第三章

香气浓香草

蒲公英

🌿 芬芳美丽、用途广泛

　　蒲公英在荒野之中随处可见，可是你也许不知道，蒲公英中含有多种微量元素和维生素，具有清热解毒、消肿散结的作用，甚至可以治疗急性结膜炎、乳腺炎等疾病。

　　蒲公英的花朵小巧，种子的散播方式更是惹人喜爱。

别　　名	蒲公草、食用蒲公英、尿床草、西洋蒲公英
科　　别	菊科
温度要求	耐寒
湿度要求	湿润
适合土壤	中性排水性好的肥沃沙壤土
繁殖方式	播种
栽培季节	春季、夏季、秋季
容器类型	大型
光照要求	喜光
栽培周期	8 个月
难易程度	★★

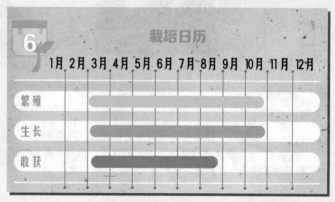

栽培日历

	1月	2月	3月	4月	5月	6月	7月	8月	9月	10月	11月	12月
繁殖												
生长												
收获												

开始栽种

第1步

蒲公英可以直播也可以移栽幼苗。将苗床整平、整细，浇透水后将种子与细沙混合，均匀地撒播在育苗盆中，不可以覆土过厚，用浸盆法使土壤吸足水分。

细沙混合

第2步

周围环境的温度如果较低，可以用覆塑料膜的方法保温保湿，当苗出齐后要揭去薄膜，及时追肥浇水。当幼苗长出 2~3 片真叶时，就需要间苗了。间苗分两次进行，然后进行上盆移栽。

保温保湿

间苗

第3步

当幼苗长出 6~7 片真叶的时候就可以进行移栽定植了。定植前要在盆中施入腐熟的有机肥，与土壤充分混合。

混入腐熟有机肥

移栽定植

15~20 厘米

第4步

当年种植的蒲公英不宜采收种子，第二年可陆续采收。若采收嫩叶，可割取心叶以外的叶片食用，保留根部以上 1~1.5 厘米，以保证新芽可以顺利长出。

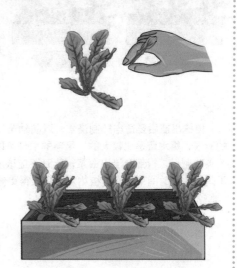

第5步

开花前和结实后要各浇水追肥一次，收获后可用风干、晒干的方式保存种子。

风干或晒干

新鲜的蒲公英用来泡茶，可以治疗流感、咽炎等，夏季饮用还可以清热去火。将蒲公英捣碎敷于肿胀的皮肤上，能够很快消肿。

神奇用途

蒲公英金银花茶

材料：干蒲公英5朵，干金银花2朵，红枣5粒，黄芪15克。

做法：

❶ 将红枣洗净。❷ 在锅中加入适量水，将蒲公英、金银花、红枣、黄芪放入，大火煮开后转小火煎煮1小时。❸ 用过滤网滤去残渣即可。

注意事项

◎作为中药的蒲公英

　　蒲公英作为一种非常常见的中草药，可以在晚秋时节采挖带根的全草，晒干保存，具有消炎和清热解毒的功效。

入冬后　　　　　生长期

越冬肥　　　　　有机复合肥

◎什么时候追肥?

　　蒲公英在生长期间以施加有机复合肥为主，入冬后要追施一次越冬肥，这样可以使根系安全地度过冬天，以免冻伤。

◎不同的时期，不同的浇水量

　　植株出苗后要适当控制浇水，以防幼苗徒长和倒伏。叶片生长迅速的时候，需水量是比较大的，足够的水分可以促进叶片旺盛地生长。蒲公英收割后，根部会流出白浆，此时不应该浇水过多，以防烂根。根据不同的生长时间来浇水，植物才会生长得更健康。

控制水分

以防烂根

紫苏

美观宜人，营养丰富

紫苏是一种非常好的食疗香草，嫩叶和紫苏籽中含有多种维生素和矿物质，能够有效地增强人体的免疫力和抗病能力，还具有理气、健胃的功效，可以治疗便秘、咳喘等不适的症状。

别　　名	白苏、桂荏、荏子、赤苏、红苏
科　　别	唇形科
温度要求	温暖
湿度要求	湿润
适合土壤	中性排水性好的肥沃沙壤土
繁殖方式	播种
栽培季节	春季
容器类型	中型
光照要求	喜阴
栽培周期	8个月
难易程度	★★

栽培日历

6	1月	2月	3月	4月	5月	6月	7月	8月	9月	10月	11月	12月
繁殖												
生长												
收获												

美食妙用

食用紫苏可以起到非常好的健脾功效，嫩叶无论凉拌、热炒、煲汤、泡茶都不会影响营养成分，淡淡的紫色用来配菜也十分美观。

紫苏粥

材料：粳米100克，紫苏鲜叶8片，红糖适量。

做法：

❶将紫苏叶洗净切碎，粳米洗净。❷将粳米入锅，加入适量水，大火煮沸后转小火熬煮，至米烂时放入紫苏叶煮5分钟，再加入红糖即可。

开始栽种

第1步

家庭栽培通常采用直播法或育苗移栽法进行繁殖。紫苏种有休眠期，采种后4~5个月才能发芽，因此播种前需进行低温处理，以打破种子的休眠期。具体为将刚采收的种子用100微升/升的赤霉素处理并置于3℃的低温及光照条件下5~10天，后置于15~20℃光照条件下催芽12天。

低温处理

育苗移栽

种子直播

怎样采种？

种植紫苏若以收获种子为目的时，应适当进行摘心处理，即摘除部分茎尖和叶片，以减少茎叶的养分消耗并能增加通透性。在花蕾形成前需追施速效氮肥一次，过磷酸钙一次。由于紫苏种子极易自然脱落和被鸟类采食，所以种子应在40%~50%成熟时割下，然后晾晒数日，脱粒，晒干。

第2步

播种前先将土壤浇透水，将种子与细沙混合，均匀撒播在土中，覆薄土，不见种子即可，轻轻洒水。

与细沙混合

第3步

种子发芽前要保持土壤湿润，如果选择直播的方式，苗出齐后要及早间去过密幼苗，间苗可分2~3次进行，间苗的密度过大会导致植株徒长。为防止小苗疯长成高脚苗，应注意多通风、透气。

间苗2~3次

第4步

当长出4对真叶时可进行移栽定植，移栽时要尽量多带土，不要伤及根系。定植时为了使根系舒展，要覆细土压实，浇足定植水，以利成活。

勿伤根系

覆细土压实

第5步

采摘新鲜的紫苏叶食用，可以选择在晴天进行，晴天时叶片的香气更加浓郁。若苗壮健，从第四对至第五对叶开始即能达到采摘标准，生长高峰期平均3~4天可以采摘一对叶片，其他时间一般6~7天采收一对叶片。

晴天叶片香气更浓

叶片成对采摘

注意事项

◎及时剪枝，避免消耗过多养分

紫苏的分枝能力比较强，要及时摘除分枝，以免消耗掉过多养分，剪下的枝叶是可以食用的。在植株出现花序前要及时摘心，以阻止开花，维持茎叶旺盛生长，不同时间的剪修工作所起到的效果是截然不同的。

◎怎样促进紫苏开花？

如果想要促进紫苏开花，就要缩短日照的时间，以促进花芽分化。等待到种子成熟后，将全草割下，晒干后将种子存放起来即可。

缩短日照时间

◎苏子梗怎样保存？

采收苏子梗，要在花蕾刚出的时候进行，连同根茎一起割下，倒挂在通风阴凉的地方晾晒即可。

迷迭香

🌿 气味浓郁、提神美容

    迷迭香是一种常绿灌木，高达2米。它的叶子带有茶香，味辛辣、微苦。迷迭香有个别名叫"海洋之露"，其花语是"留住记忆"。迷迭香具有提神醒脑的功效，它散发出的气味有点像樟脑丸的味道，可以提高人的记忆能力。还具有收缩毛孔、抗氧化等美容功效。

别　　名	油安草
科　　别	唇形科
温度要求	温暖
湿度要求	耐旱
适合土壤	中性排水性好的石灰质沙壤土
繁殖方式	扦插
栽培季节	春季、秋季
容器类型	中型
光照要求	喜光
栽培周期	8个月
难易程度	★★

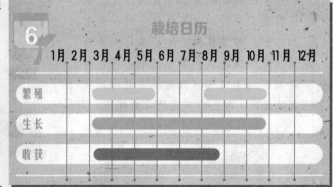

栽培日历

	1月	2月	3月	4月	5月	6月	7月	8月	9月	10月	11月	12月
繁殖			■	■				■	■			
生长			■	■	■	■	■	■	■	■		
收获			■	■	■	■	■	■	■	■		

🌸 开始栽种

第1步

    迷迭香多采用扦插繁殖的方法。从母株上剪取7~10厘米未木质化的粗枝条，摘去下部的叶子，插入水中浸泡一段时间。

7~10厘米

第2步

土壤可以选择混合性的培养土，将插条插入土壤中，扦插后浇透水。生根前土壤要保持湿润，温度也要控制在15~25℃的范围之内。

泥炭土　　珍珠岩

粗河沙

第3步

3周后，插条就可以生根了，将生根后的植株移植到花盆中，移植时注意不要伤及根部。

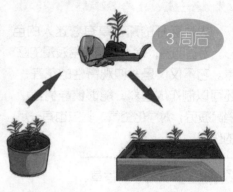

3周后

第4步

在植株生长的过程中，初夏和初秋季节可每月追施1次有机复合肥。

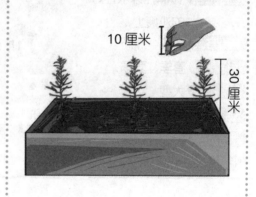

有机复合肥

第5步

当植株长到20~30厘米高的时候，可以采收长度为10厘米的嫩尖。

10厘米

30厘米

注意事项

◎避免高温

迷迭香处在开花结果期的时候要避免高温，可将植物搬移到阴凉的环境中，并要适时降温。

◎摘心是促进生长的好方法

迷迭香在生长旺期要多摘心，这样可以促进植物的分枝生长，并要随时疏去过密的枝叶和老化的枯枝，以保证植株受到良好的光照。

薰衣草

花色淡雅，芳香宜人

　　大片盛开的薰衣草有着迷人的色彩，芳香四溢，给人一种非常浪漫的感觉。它不仅仅是一种观赏性的花卉，还可以制作成香料，能够镇静情绪、消除疲劳，对净化空气、驱虫也有一定的作用。

别　　名	灵香草、香草、黄香草
科　　别	唇形科
温度要求	阴凉
湿度要求	耐旱
适合土壤	微碱性排水性好的沙壤土
繁殖方式	播种、扦插
栽培季节	春季、夏季
容器类型	大型
光照要求	喜光
栽培周期	8 个月
难易程度	★★

栽培日历

	1月	2月	3月	4月	5月	6月	7月	8月	9月	10月	11月	12月
繁殖												
生长												
收获												

开始栽种

第 1 步

　　薰衣草可以用种子繁殖，去花店或种苗店都可以购买到种子。薰衣草种子的休眠期比较长，且外壳坚硬致密，播种前需用 35~40℃的温水浸种 12 个小时。

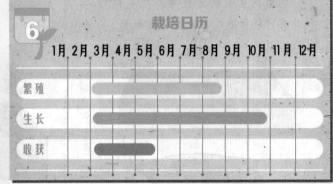

35~40℃的温水

浸种 12 个小时

第2步

将土壤整平，浇透水，待水渗下后将种子均匀撒播在土中，覆土0.3厘米。用浸盆法使土壤吸足水分，出苗后再将育苗盆移植到阳光充足的地方。

0.3厘米

浇透水

第3步

当苗高达10厘米左右的时候就可以移栽定植了。定植土壤中需施入适量复合肥作为基肥，定植后要放置在光照充足的地方。

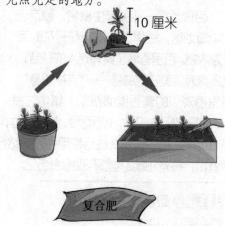

10厘米

复合肥

第4步

开花后需进行剪枝，将植株修剪为原来的2/3，以促使枝条发出新芽。

剪为原来的2/3

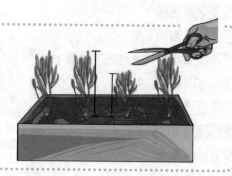

注意事项

◎薰衣草的修剪

在高温多湿的环境之中，薰衣草需要疏剪茂密的枝叶以增加植株的采光性和透气性，这样可以防止病虫害的发生。栽培初期要摘除花蕾，以保证新长出的花蕾高度一致，有利于一次性收获。

◎什么时候收获薰衣草？

薰衣草在开花前香气最为浓郁，这个时候最适宜采收，可剪取有花序的枝条直接插入花瓶中观赏，也可以晾晒成干燥花。

◎扦插繁殖的薰衣草

薰衣草还可以进行扦插繁殖，春、秋两季都可以进行。选取一年生未木质化、无花序的粗短枝条，截取8~10厘米，在水中浸泡2小时后再插入土中，大约2~3周就可以生根了。

百里香

花色淡雅，气味清香

百里香是一种多年生植物，原产于地中海地区，百里香的香味在开花时节最为浓郁。百里香除了具有迷人的芬芳，它还有浪漫美好的寓意——"吉祥如意"。百里香淡淡的清香能够帮助人集中注意力，提升记忆力。叶片小巧可爱，花色淡雅，姿态优美，是一种观赏性与使用性完美结合的植物，揉碎外敷还能够帮助愈合伤口。

别　　名	麝香草、地花椒
科　　别	唇形科
温度要求	温暖
湿度要求	耐旱
适合土壤	中性排水性好的沙壤土
繁殖方式	播种、扦插
栽培季节	春季、秋季
容器类型	中型
光照要求	喜光
栽培周期	6 个月
难易程度	★★

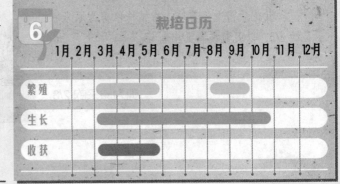

栽培日历

	1月	2月	3月	4月	5月	6月	7月	8月	9月	10月	11月	12月
繁殖			▬	▬					▬			
生长			▬	▬	▬	▬	▬	▬	▬	▬		
收获			▬	▬								

开始栽种

第 1 步

将百里香的种子混合细沙后均匀播撒在土中，不要覆土，用手轻轻按压，使种子与土壤充分接触，将土壤浸在小水盆中吸足水分。

与细沙混合

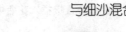

第2步

育苗期间要保证充足的光照，温度较低的环境中可覆上一层薄膜保温，发芽后要揭去薄膜。

覆薄膜

第3步

当幼苗长到5~6厘米高的时候，就可以移栽到花盆中。

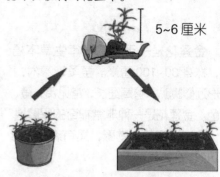

5~6厘米

第4步

百里香的采收与植株修剪可以同时进行，采收最好选在植株开花之前进行，这样茎叶香气最浓郁。

第5步

分株在晚春或早秋，此时植株进入休眠期。当植株的地面部分开始枯萎，将植株连带根部挖出，小心理清根系，用手掰成2~3丛，另行种植即可。

晚春或早秋

注意事项

◎延缓结实，延长寿命

百里香成熟后会开出白色或粉色的小花，可剪取开花的枝条插于花瓶中观赏。结果后植株容易死亡，如果不需要采收种子，就要及时对植株进行修剪，以延缓结果，延长植株的寿命。

◎不可以积水

百里香喜欢在干爽的环境生长，因此不可以浇水过多，看到盆土干透后再浇水即可，盆底也千万不要出现积水的现象，否则一定要及时排水。

◎扦插的繁殖方法

百里香用扦插法最容易繁殖，选择带有顶芽的、未木质化的嫩枝当做插条，将其扦插在土壤之中即可。

金莲花

美丽宜人、药效独特

金莲花是一年生或多年生草本植物，株高 30~100 厘米。茎柔软攀附，花形近似喇叭，萼筒细长，常见黄、橙、红色。金莲花是一种非常神奇的保健植物，含有丰富的生物碱，具有清热解毒的功效。

别　　名	旱荷、旱莲花、寒荷、陆地莲、旱地莲、金梅草
科　　别	毛茛科
温度要求	耐寒
湿度要求	耐旱
适合土壤	弱酸性排水性好的沙壤土
繁殖方式	播种
栽培季节	春季、秋季
容器类型	中型
光照要求	喜光
栽培周期	6 个月
难易程度	★★

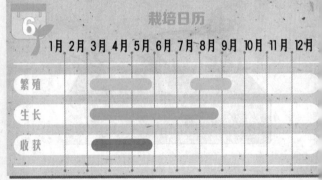

栽培日历

1月 2月 3月 4月 5月 6月 7月 8月 9月 10月 11月 12月

繁殖

生长

收获

开始栽种

第 1 步

金莲花可用种子直接播种，已干的种子播种前需用 40~45℃ 的温水浸泡一天。

40~45℃的温水浸泡一天

第2步

　　将土壤弄平，将种子混合细沙后均匀撒播在育苗盆中，覆土约0.3厘米，然后用细孔喷壶浇透水。出苗期间需经常浇水，保持土壤湿润，以利于幼苗长出。

第3步

　　当长出3~4片真叶时，可移栽定植。移栽宜在阴天或早晚进行，移栽后及时浇水遮阴，这样可以有效地增加植株的成活率。

第4步

　　金莲花的剪枝可以结合摘心进行，这样可以有效地促进植物多分枝、多开花。如果植株的枝叶过于茂盛，我们就要适当进行疏剪，以利于植株的通风换气。

第6步

　　植株的繁殖期一般是在4~6月，剪取健壮的带有2~3个节的嫩枝，插入扦插基质中，并进行遮阴喷雾，15~20天就可以生根了。

4~6月

第5步

　　花完全开放的时候可以采摘花朵，采摘后应放在通风处晾干，以便长期保存。

夜来香

清雅芬芳，健康宜人

夜来香也被称为"月见草"，是一种只在傍晚才会开花的植物，夜色之下散发着阵阵幽香，因此被人们称为夜来香。夜来香的种子中含有一种亚麻酸，这种元素人体自身无法合成，对调节女性的内分泌、改善更年期症状、降低人体胆固醇有很好的效果。

别　　名	待霄草、山芝麻、野芝麻、月见草
科　　别	柳叶菜科
温度要求	温暖
湿度要求	耐旱
适合土壤	中性排水性好的肥沃土壤
繁殖方式	播种、扦插
栽培季节	春季、秋季
容器类型	中型
光照要求	喜光
栽培周期	6个月
难易程度	★★

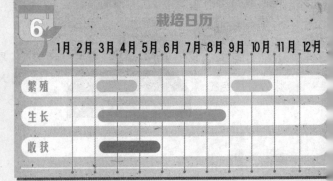

栽培日历

	1月	2月	3月	4月	5月	6月	7月	8月	9月	10月	11月	12月
繁殖			■	■						■		
生长			■	■	■	■	■					
收获			■	■								

开始栽种

第1步

春季播种的时候要先将种子置于20℃右右的水中浸泡，以提高发芽率，缩短发芽时间。

20℃左右的水中浸泡

第2步

夜来香种子比较细小，将种子均匀撒播在土中，撒土约 0.5 厘米厚，轻轻压实。

0.5 厘米

第3步

出苗前要保持土壤湿润，为了防止苗期生长缓慢，要及时除草。当幼苗长出 3~4 片真叶的时候，要除去病弱苗和过密的苗。

除去病弱苗

第4步

当植株长到 10 厘米高的时候要进行移栽。栽培的土壤中要掺入适量腐熟的有机肥。植物在上盆后要浇透水，并将植株置于阴凉的环境中养护一周左右的时间，然后可追施一次有机氮肥，以促进植株的生长。现蕾时再追加一次磷钾肥就可以了。

园土　　　木屑

粗河沙　　腐熟有机肥

10 厘米

第5步

夜来香的花期一般是在 6~9 月，为使植株多开花，需适时摘心，以促使植株萌生分枝。

注意事项

◎扦插后的浇水方法有变化

夜来香可以通过扦插的方式进行繁殖，扦插要结合摘心进行，将摘下的健壮顶梢作为插穗，扦插后每天给插穗喷水 1~3 次，不可过多喷水，否则会导致插穗腐烂。

每天给插穗喷雾 1~3 次

月桂

🌿 美丽芬芳、清热解毒

　　月桂在希腊神话中有着一段浪漫的传说，它株型优美，香气浓郁，是一种极具观赏性的植物。

　　月桂中含有的解毒成分，能够有效地治疗风湿、腰痛等疾病，对健脾理气也有明显的作用。

别　　名	香叶子
科　　别	樟科
温度要求	温暖
湿度要求	耐旱
适合土壤	弱酸性排水性好的肥沃沙壤土
繁殖方式	播种
栽培季节	春季、夏季
容器类型	中型
光照要求	喜光
栽培周期	8个月
难易程度	★★

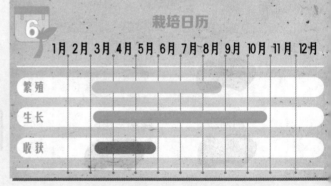

栽培日历

	1月	2月	3月	4月	5月	6月	7月	8月	9月	10月	11月	12月
繁殖												
生长												
收获												

🌱 开始栽种

 第 **1** 步

　　盆栽月桂可使用园土与河沙混合而成的培养土，但使用前要进行消毒。

 园土 1/3　　厩肥 1/3　　消毒土堆

 河沙 1/3

第2步

家庭种植所采用的幼株可从园艺店购买。植株长度一般是 30~50 厘米，栽于花盆中，将土压实，并浇足水，置于背阴处养护约 10 天。

30~50 厘米

第3步

月桂在生长期间需要进行修剪，可以修剪成球形或伞形，注意水肥供应。

伞形　　　球形

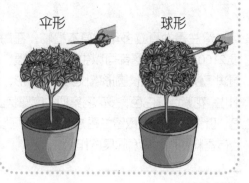

第5步

月桂幼树通常不会开花，成年后才能开花，果实通常在 9 月成熟，可在果实变成暗褐色时进行采收。

9月

第4步

盆栽月桂由于盆土有限，需不断追肥，以少施、勤施为原则。春季新枝萌芽，可追施 2 次速效氮肥，夏初和秋初可适量追施磷钾肥，以利于养分的积累。

春季　　　夏初和秋初

氮肥　　　磷钾肥

两步合一

在生长期内可以随时采摘月桂叶，采收和修剪同时进行是最佳的选择。

注意事项

◎浇水有讲究

月桂的浇水要实行"不干不浇、浇则浇透"的原则进行，浇水后要注意及时进行排水，长时间积水会导致根系的腐烂，叶片也会出现枯黄脱落的现象。

留兰香

功能多样，耐寒易养

留兰香为直立多年生草本植物，在海拔2100米以下地区都可以生长，喜温暖、湿润气候。叶卵状长圆形或长圆状披针形，对生，花紫色或白色，多花密集顶生成穗状。茎、叶经蒸馏可提取留兰香油。留兰香可以当做香料使用，具有除臭的作用。

别　　名	绿薄荷、青薄荷、香花菜、鱼香菜、狗肉香
科　　别	唇形科
温度要求	耐寒
湿度要求	湿润
适合土壤	中性排水性好的肥沃土壤
繁殖方式	扦插、分枝
栽培季节	春季
容器类型	中型
光照要求	喜光
栽培周期	8个月
难易程度	★★

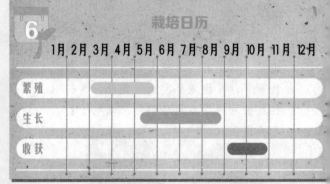

栽培日历

	1月	2月	3月	4月	5月	6月	7月	8月	9月	10月	11月	12月
繁殖												
生长												
收获												

开始栽种

第1步

留兰香的种子很容易出现变异的情况，所以一般采用根茎繁殖和分枝繁殖的方式。选择健康粗壮无病虫的新鲜根，插在已挖好坑的土壤中，然后覆土。

第2步

浇水后土壤容易板结，要及时松土。松土时注意靠近植株处要小心，以免伤及植株根部。行间可深些。

及时松土

第3步

当植株长到10厘米左右的高度时要进行追肥，根据植株的长势可施加1~2次的磷肥。

10厘米

1~2次

磷肥

第4步

留兰香对收割时的天气要求比较高，阳光不足、温度不高、大风下雨、露水未干、地面潮湿等天气环境下都不可以进行收割。

对收割时的天气有很高的要求

第5步

留兰香容易受病虫害的侵害，出现病株一定要及时清理，以免传染其他的植株。

香草生病了

留兰香生病首先是从下部叶片开始的。叶片上会出现不规则水渍状暗绿色、黄褐色或深褐色病斑。这是留兰香最常出现的病变现象，如果不及时处理，就会传染给邻株，将病株直接除去是最安全的方式。

注意事项

◎合理密植，严格除杂

留兰香的分枝能力非常强，首次进行收割后要及时进行补植，温度要保持在10℃以上才可以保证留兰香的成活率。

10℃以上

马郁兰 ○

🌿 幸福见证，缓和身心

马郁兰是有香味的多年生草本植物，宽大的叶子为椭圆状，暗绿色，花簇多稀疏，呈粉紫色、白色或粉红色。

马郁兰的口味甜美，带有淡淡的涩感。在西方，结婚的男女头上插戴马郁兰是一种非常传统的习俗。

别　　名	墨角兰、马娇莲、甘牛至、牛藤草、茉乔孪那
科　　别	唇形科
温度要求	温暖
湿度要求	耐旱
适合土壤	微碱性排水性好的肥沃土壤
繁殖方式	播种、扦插、分株
栽培季节	春季
容器类型	中型
光照要求	喜光
栽培周期	8个月
难易程度	★★

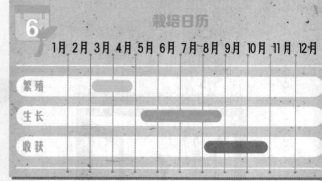

栽培日历

	1月	2月	3月	4月	5月	6月	7月	8月	9月	10月	11月	12月
繁殖			●									
生长						●						
收获								●				

🌱 开始栽种

第1步

马郁兰种子非常细小，将种子撒播在盆内，盖薄土，厚度控制在 0.2 厘米以内，然后要进行充分喷水，每天 1 次，以使土壤在植物发芽前保持湿润。不要接受阳光直射，温度在 15~25℃最好。

0.2 厘米

温度保持在 15~25℃

第 2 步

马郁兰适合生长在偏碱性土壤之中，有机质含量要丰富。

碱性土壤

第 3 步

将植株的间距控制在大约 6~8 厘米。

6~8 厘米

第 4 步

每进行一次收获都要追肥 1 次。

适时追肥

第 5 步

收获后的马郁兰要进行干燥保存，这样可以留住植物的香气，还可以增加香草的使用寿命。

干燥保存

注意事项

◎果实的保存

马郁兰的茎是我们可以食用的部分，我们可以将其挂在一个阴暗、干燥、通风良好的地方。干燥之后，将摘掉叶子的茎储存在密闭容器内就可以了。

🌿 保存持续 5 年

◎种子的储藏期

马郁兰种子可以进行长时间的储藏，一般情况下可以保存 5 年而不会出现变质的现象。

◎采种要适时

不成熟的种子是无法生芽的，所以当植物处在成熟期的时候，我们要密切留意鲜花干燥的进程。适时切断种子头，将种子头放在一个纸袋子中，挂在阴凉处，到完全干枯后，将花瓣和种子剥离再进行保存即可。

灵香草

🍃 四季常收，功能多样

灵香草是多年生草本植物，全草含类似香豆素芳香油，可提炼香精，或用作烟草及香脂等的香料。干燥的灵香草植株放在衣柜中能够起到防虫防蛀的作用，药用方面，可以治疗头疼感冒、胸闷气躁等，因此灵香草是一种比较名贵的芳香植物，具有很高的经济价值。

别　　名	广灵香、广零陵香、黄香草、蕙草、零陵香
科　　别	报春花科
温度要求	阴凉
湿度要求	湿润
适合土壤	中性排水性好的肥沃土壤
繁殖方式	播种、扦插
栽培季节	春季
容器类型	中型
光照要求	喜阴
栽培周期	8 个月
难易程度	★★

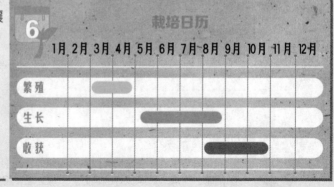

栽培日历

	1月	2月	3月	4月	5月	6月	7月	8月	9月	10月	11月	12月
繁殖			▬	▬								
生长						▬	▬	▬				
收获								▬	▬	▬		

🌸 开始栽种

第1步

首先要选择一个灵香草喜欢的阴凉湿润的环境，土壤中最好含有腐殖质，排水性也要比较好，以磷肥和草木灰为基肥为最佳。

腐殖质　　草木灰

腐熟有机肥

磷肥

第**2**步

扦插繁殖的成活率比较高，我们要选择粗壮、无病虫害的当年生植株，剪取4~5厘米的插条，顶端带有1~2片叶子，按照株间距5~6厘米进行扦插，将土压实，浇水。

4~5厘米

带有1~2片叶子

第**3**步

等到植株成活，要将枯枝烂叶及时清除掉。

第**5**步

开花后一个月灵香草就可以结果了，当卵形的果实由青白色转为紫色的时候就可以及时进行采收了。灵香草成熟后，一年四季都可以进行采收，但是冬季采收的质量是最好的。

第**4**步

施肥可以使植株生长得更好，肥料中的营养元素一定要丰富。

注意事项

◎降低湿度，减少病害

如果植株土壤的湿度高、透光性差的话，植株容易感染细菌性软腐病，所以控制湿度、加强光照对促进植株健康生长很重要，还要及时清除植株间的杂草，减少菌源。

◎灵香草讨厌落叶

灵香草的落叶如果落在土壤上而不进行清理的话，落叶中的细菌就会与软腐病细菌混生，从而生成排草斑枯病，这对灵香草的影响是致命的，所以一旦出现落叶，一定要及时清理，这样才可以减少植株生病的可能。

番红花

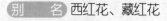 **名贵药材，功能多样**

番红花就是我们常说的藏红花，多年生花卉，是一种常见的香料，具有很高的药用价值，主要分布在欧洲、地中海沿岸及中亚等地，在明朝时就已经由地中海传入我国。

番红花的花色鲜艳夺目，多在干燥的状态之下药用，具有镇静、消炎的作用，能够治疗胃病、麻疹、发热等症。

别　　名	西红花、藏红花
科　　别	鸢尾科
温度要求	耐寒
湿度要求	湿润
适合土壤	中性排水性好的砂质土壤
繁殖方式	播种、分株
栽培季节	秋季
容器类型	中型
光照要求	喜阴
栽培周期	8 个月
难易程度	★★

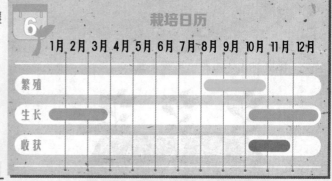

栽培日历

	1月	2月	3月	4月	5月	6月	7月	8月	9月	10月	11月	12月
繁殖								■	■	■		
生长	■	■	■							■	■	■
收获										■	■	

 开始栽种

第 1 步

番红花喜欢温暖湿润的环境，害怕酷热。生长温度最好保持在15℃左右。

　 温暖湿润 15℃左右

第2步

番红花在夏季有休眠期，到了秋季才会生根、长叶，所以要在秋季种植，花期在 10~11 月，整个生长周期长达 210 天左右。

夏季有休眠期

在秋季种植

第3步

种植前要将土壤进行翻耕，施足腐熟的有机肥。生长期也要保持土壤湿润，花开后要及时追加 1~2 次腐熟的有机肥，以促使球茎生长。

种植前　　　　　生长期　　　　　花开后

腐熟有机肥　　　　　　　　　　腐熟有机肥

第4步

球茎的寿命为一年，与郁金香非常相似，每年新老球茎交替更新一次。除了特殊的品种，一般情况下番红花是不会结果的。番红花也是有种子的，但是种子需要在土中蕴藏 3~4 年的时间才可能发芽，而分株的球茎当年就可长出植株，因此在栽种时要尽量选择球茎栽种，这样当年就可享受到收获的乐趣了。

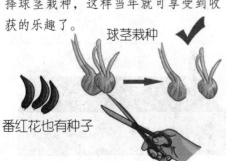

球茎栽种　✔

番红花也有种子

第5步

植株夏季进入休眠期，叶茎上部会出现干枯，但秋季会再次生芽，分株后的球茎可在干燥的环境中得到保存。

夏季休眠期　　　秋季会再次生芽

水培的番红花

番红花的球根中储藏了植物本身生长所必需的养分，所以番红花是可以水培养殖的，即使在栽培过程中不进行追肥等养护，番红花也可以生长得很好。

益母草

🌿 滋养女性，补血养生

  益母草是一种唇形科植物，在野地里常常可以见到，对生长环境几乎没有什么要求，非常容易繁殖。

  益母草是一种对女性身体非常有益的植物，能够治疗妇女月经不调等症状。每日泡茶服用，对身体非常有好处。

别 名	益母蒿、益母艾、红花艾、坤草
科 别	唇形科
温度要求	温暖
湿度要求	湿润
适合土壤	中性排水性好的肥沃土壤
繁殖方式	播种
栽培季节	春季
容器类型	中型
光照要求	喜光
栽培周期	8个月
难易程度	★★

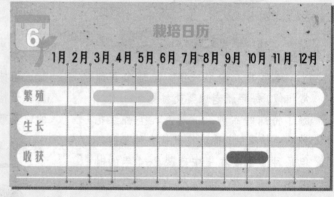

栽培日历

	1月	2月	3月	4月	5月	6月	7月	8月	9月	10月	11月	12月
繁殖			▬	▬								
生长						▬	▬	▬				
收获									▬	▬		

🌱 开始栽种

第1步

  益母草一般采用播种的方式进行繁殖，当年的新种发芽率一般可以达到80%以上。播种时在土中挖出浅坑，然后再均匀撒入一些细土，不需要覆土。

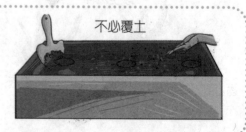

不必覆土

第2步

苗长到 5 厘米左右高的时候要开始间苗，发现缺苗时则要及时移栽补植。

5 厘米

第3步

益母草的根系脆弱，在间苗和松土的时候，要时刻注意植株的根系，以避免伤根。

避免伤根

第4步

每次间苗后要进行 1 次追肥，施氮肥最好。追肥的时候要注意浇水，切忌使用肥料过浓，以致伤到植株的根系。

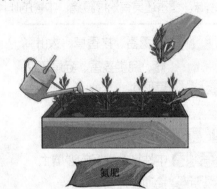

氮肥

注意事项

◎益母草的保存

益母草应储藏于防潮、防压、干燥的地方，以免受潮发霉变黑，且储存的时间也不要过长。

防潮

防压

储存期不宜过长

◎避免积水

气温高时，需要及时浇水，以免干枯，但是也要避免土壤积水，导致植株的溺死或黄化。

气温高时要注意浇水

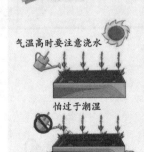

怕过于潮湿

◎怎么不出芽呢？

益母草一般有冬种和春种两个品种。冬种的益母草在秋季进行播种，幼苗第二年春夏季才会抽芽开花。所以在栽种前要关注一下植株的品种，以免苦苦等待，丧失信心。

冬种 第 2 年春夏季才会抽茎开花

春种 当年抽茎开花

藿香

烹调辅料，美化环境

藿香是一种多年生草本植物，叶心状卵形至长圆状披针形，花冠淡紫蓝色，成熟小坚果卵状长圆形。藿香喜欢温暖湿润的生长环境，但是种植起来是非常容易的。藿香的香味非常浓郁，常常被人们提炼成香料使用，还可以作为烹调的辅料以增加菜肴的香味。藿香还具有治疗腹痛、中暑的作用。

别　　名	土藿香、排香草、大叶薄荷、兜娄婆香、猫尾巴香
科　　别	唇形科
温度要求	温暖
湿度要求	湿润
适合土壤	中性排水性好的沙壤土
繁殖方式	播种、扦插
栽培季节	春季
容器类型	中型
光照要求	喜阴
栽培周期	8个月
难易程度	★★

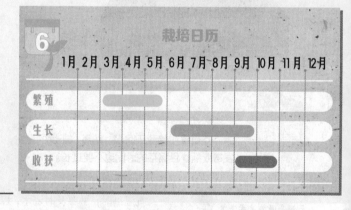

6 栽培日历

	1月	2月	3月	4月	5月	6月	7月	8月	9月	10月	11月	12月
繁殖			▬	▬	▬							
生长						▬	▬	▬	▬	▬	▬	▬
收获									▬	▬		

开始栽种

第1步

首先为藿香选择一个温暖湿润的环境，藿香比较耐寒，但是非常怕旱。

耐寒　　　　非常怕旱

第2步

藿香用种子栽培也是很容易的，生长期间要注意苗与苗的间隙，要适当进行间苗。

种子栽培

第3步

当苗长到 15 厘米高的时候要及时追加一次氮肥。要时刻注意土壤的含水量，保持湿润的生长环境。

15 厘米

氮肥

第4步

藿香的病害多在 5~6 月发生，枯萎病是最为常见的病害，可通过用减少浇水、降低温度来控制病害的泛滥。

减少浇水

第5步

当种子大部分变成棕色时就可以收获了，将植株晒干脱粒即可。

晒干脱粒

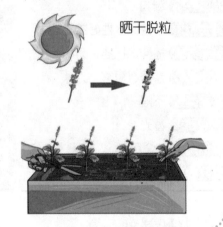

注意事项

◎植物粗壮很重要

藿香如果生长得粗壮、茂盛就能有效地抵抗病害的侵袭，植株衰弱是植物受到病害的先期表现，所以植株的粗壮与否是检查藿香是否健康的一大标准。

植株衰弱是病害的先期表现

◎藿香产量高

藿香是一种非常容易栽培的香草，产量也很高，只要栽培适当，收获是非常丰盛的。

千屈菜

可食可赏，生命顽强

野生的千屈菜大多生长在沼泽，因此湿润并且光线充足的环境更适合千屈菜的生长。千屈菜的花多而密，多为紫红色，成片开来有一种如薰衣草般的浪漫。

千屈菜全株都具有药性，可以治疗痢疾、肠炎等症。

别　　名	水枝柳、水柳、对叶莲、马鞭草、败毒草
科　　别	千屈菜科
温度要求	耐寒
湿度要求	湿润
适合土壤	中性保水性好的黏壤土
繁殖方式	播种、扦插、分株
栽培季节	春季、夏季
容器类型	不限
光照要求	喜光
栽培周期	5个月
难易程度	★★

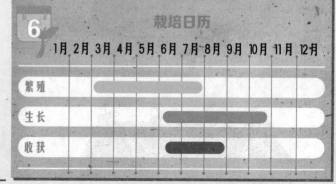

栽培日历

	1月	2月	3月	4月	5月	6月	7月	8月	9月	10月	11月	12月
繁殖			■	■	■	■	■					
生长						■	■	■	■	■		
收获						■	■	■				

开始栽种

第 1 步

千屈菜的繁殖方式主要以扦插、分株为主。在6~8月的时候剪取一根7~10厘米的嫩枝，去掉基部1/3的叶子插入盆中，只需6~10天的时间就可以生根了。

以扦插、分株为主

7~10 厘米

第2步

到10月，土层以上的千屈菜就会逐渐枯萎，我们要将土层以上的株丛剪掉，在整个冬季都保持盆土的湿润，并且要将温度保持在0~5℃。

0~5℃

第3步

当夏季到来，千屈菜又会生长得郁郁葱葱，但是在夏季高温干燥的环境下，千屈菜比较容易感染斑点病，所以一定要做好防旱降温的工作。

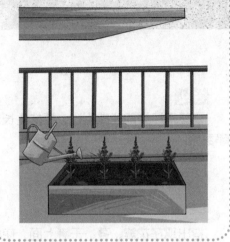

第4步

千屈菜生长过密就容易受到红蜘蛛的威胁，但是如果通风良好、光照充足的话，这种烦恼完全可以避免掉。如果真的出现虫害的话用一般的杀虫剂也可以解决这个问题。

红蜘蛛　　　杀虫剂

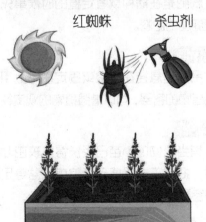

第5步

千屈菜的生长非常迅速，而生长过于茂密并不利于植物的长期生长，一般2~3年就要进行一次分植。千屈菜生命力很强，所以养护上也不需要花费太多的心思，但选择光照充足、通风良好的环境比较适合植株的生长。直径50厘米左右的花盆，最多只可以栽种五株千屈菜。

附录
种植小词典

A

矮性

与基本种类的植株相比，植株生长发育矮小。

B

斑点

指出现在花瓣、茎、干等上面，使植物部分变色的现象。

半日期

指一天中只需要 3~4 小时光照的植物。

C

侧芽

一般指叶根上长出的芽，也叫腋芽。

芽插

芽插是扦插技术中的一种，是切下多年生木本植物或一年生草本植物的芽的部分，插入土壤中进行繁殖的方法。

常绿

指植物全年叶子茂盛。

D

大粒土

为了保证土壤良好的排水性和通风性，加在花盆底部的大粒土壤。

单瓣花

指只开一层花瓣的植物。

单粒结构

土壤颗粒是单粒存在的，这样的土壤相对来说排水性要好很多，更适合植物的生长。

氮肥

是植物三大肥料之一，能够使植物的叶子生长得更好，因此也被称为叶肥。

低矮盆

是一种口径很宽，但是深度很浅的花盆，适合种植根系不很发达的植物。

底肥

底肥是在播种或者定植的时候事先给土壤施加的肥料。

吊篮

吊篮是悬挂在半空或固定在墙上用于装盛植物的容器，可以增强植物的观赏性。

定植

指当植物的小苗已经长得比较茁壮的时候，把苗正式移植到庭院或花盆等足够大的容器中。

短日照处理

有些植物不需要过多的日照，那么就

需要在特定的时候进行覆盖处理，以减短阳光照射的时间。

断水
是指植物处于土壤完全缺乏水分的状态。

多年生草本植物
指的是那种生命可以延续多年、多次开花结果的草本植物。

E

二年生草本植物
指的是从播种到开花需要两年的时间，但是开花后就会枯萎的植物类型。

F

肥害
肥害指的是由于施肥过多而引起的植株疾病，严重时会出现烧苗的现象。

分株
就是将根株分割进行繁殖的方法。

腐叶土
是一种非常适合植物生长的土壤，因为土壤中含有一定数量发酵分解的落叶，保水性和透气性都比较好。

父本植物
指的是合栽时种植在母体植株附近能够促使母本植物生长的植株。

覆盖
就是在根株附近铺上稻草、塑料薄膜等，再盖上土壤以起到御寒、防晒的作用。

覆土
就是在播种后盖上的那层薄土。

G

根部拥挤
有些植物的根部生长过于快速，而导致根系在花盆中过于繁茂拥挤，对植株的生长非常不利。

根插
就是将植物的根部切下进行扦插。

灌水
就是指浇水，是相对于喷水而言的。

硅酸白土
在没有孔的容器中培养植物时使用硅酸白土可以防止根部腐烂。

H

花蒂
指的是开花结束后残留下的枯花，如果不及时摘掉的话有可能引发疾病。

花芽
是植物长成花的芽。由于植物发花芽的时间可以估测出来，所以这段时间最好不要进行修剪，否则容易碰落正在生长中的花芽。

化学复合肥料
指的是无机肥和有机肥混合起来的肥料。一般都是在肥料原料上进行化学操作，使得肥料中含有肥料三元素中的两种或两种以上。

缓和性肥料
施加在泥土中会一点点渗入土中，经过长时间才会逐渐奏效的肥料。

混植
混植与合栽相似，就是在一个在花盆或花坛中混杂种植不同种类的植物。

J

钾

作为肥料的三元素之一，可以有效地促进根株发育，因此也被叫作根肥。

剪枝

指修剪植物的枝、茎，是为了植株整体造型的美观，也为了植株营养的集中供给。根据植株的不同，修剪的方法也各不相同。

间苗

指的是将发芽后生长过于拥挤的、畸形的、发育迟缓的苗株拔掉。

结果

是植物授粉后结的种子。

节间

叶子附生于茎的部分叫节，相邻两个节之间的部分叫节间。

L

烂根

由于浇水过多等原因造成的根部腐烂。

冷布

用棉和纤维织成的网状的布。主要是用来覆盖在植株上，既可以遮挡阳光直射，也可以用于防寒、防虫、防风。

磷

是肥料的三大元素之一，有助于植株开花结果。

落叶树

是指秋天到来叶子就会掉落，而第二年春天又会长出新叶的树。

M

镁石灰

是用来改良土壤的一种材料，可以用来中和酸性土壤。

萌芽

指植物发芽的状态。

P

PH 值

是表现土壤酸碱度的单位。中性的 PH 值为 7，酸性 PH 值小于 7，碱性大于 7。

培养土

是栽培植物比较好的土壤，也是具有肥料养分的土壤。

喷水

指往叶子上喷水，这样能够有效地洗净灰尘、提高空气湿度、防止叶螨等。对于那些不需要太多水分的植物，喷水是最佳的选择。

Q

扦插

就是将切下来的树枝、茎、根等插入土壤之中，使其发芽生根、长成新植株的过程。

R

容水空间

当给植株浇水时，花盆中为短时性的积水部分预留出来的空间。

S

撒播

是播种方式中的一种，就是将植物种子

均匀地播撒于土壤中，并覆以薄土的播种法。

上水

将剪下的花枝的切口放入水中，使切口充分吸水，以便于水养。

烧叶

植物因为强光、干旱等外在因素，造成植物叶子的损伤，颜色变成茶色。

生根

指的是植物在土壤中根部的生长，根部的充分发育叫作生根旺盛。

实根

就是指由种子发芽并长成的植物。

授粉

将雄蕊的花粉传到雌蕊的柱头上，这个过程被称为授粉。

水培养

有些植物可以用水来代替土壤养护，称为水培养。

速效性肥料

是施肥即可见效，立即就会被植株吸收的肥料。

T

条播

是植株播种的方法之一，呈条状形的播种方式。

徒长

指由于光照和养分不足而使得茎叶生长过旺。

X

休眠

有些植物在寒冷及炎热的季节，会有

一段时间停止生长。但是过了这段时间又会继续生长，这段时间叫作休眠期。

新梢

指植物长出来的新枝。

Y

液肥

指液体状的肥料，液肥是一施肥就立马见效的速效肥，因此往往在追肥的时候使用。

一年生植物

指的是播种后，一年以内完成开花、结果、枯萎全过程的花卉。

一日花

花期约为一天的植物，像牵牛花、木槿花都是这种植物。

移植

从一个容器中移种到另一个容器中的方法，一般是以增加生长空间或者改善生长环境为目的。

育苗

先用小容器将种子培育成小苗的过程。

原种

没有经过人工改良的原生植物品种。

Z

摘蕾

为了能让植物长出大朵的花，而摘掉生长不好或者不需要生长的花蕾。

摘心

摘除生长中的植物的顶芽，以起到抑制株高、促进植物侧芽生长的方法。

遮光

指用冷布等遮挡阳光。

蒸腾

指植物中的水分变成水蒸气，扩散于空中的现象。植物主要是从叶子背面的气孔进行蒸发。

直接播种

就是预先了解植物长大后的大小，选好足够大的容器，直接在这个容器中栽种的养护方法，主要用于那些不能移植或者大型的植物。

置肥

指的是施加于花盆边缘或植物根部的固体肥料。浇水时，肥料中的养分就会慢慢渗入土中，逐渐被植物所吸收。

中耕

轻轻地翻耕板结的土壤，以增强土壤的透气性。

株距

指的是同一行中相邻两个植株之间的距离。株距的大小要根据具体植株而定，要充分考虑到通风和对阳光的需求。

追肥

在植物生长发育期间施加的肥料。施肥的种类、量、次数和时间根据植物发育情况的不同而进行，一般选择的都是液肥。